DIESES BUCH GEHÖRT ZU

_____

INHALTSVERZEICHNIS

ABSCHNITT 1 NASHORN

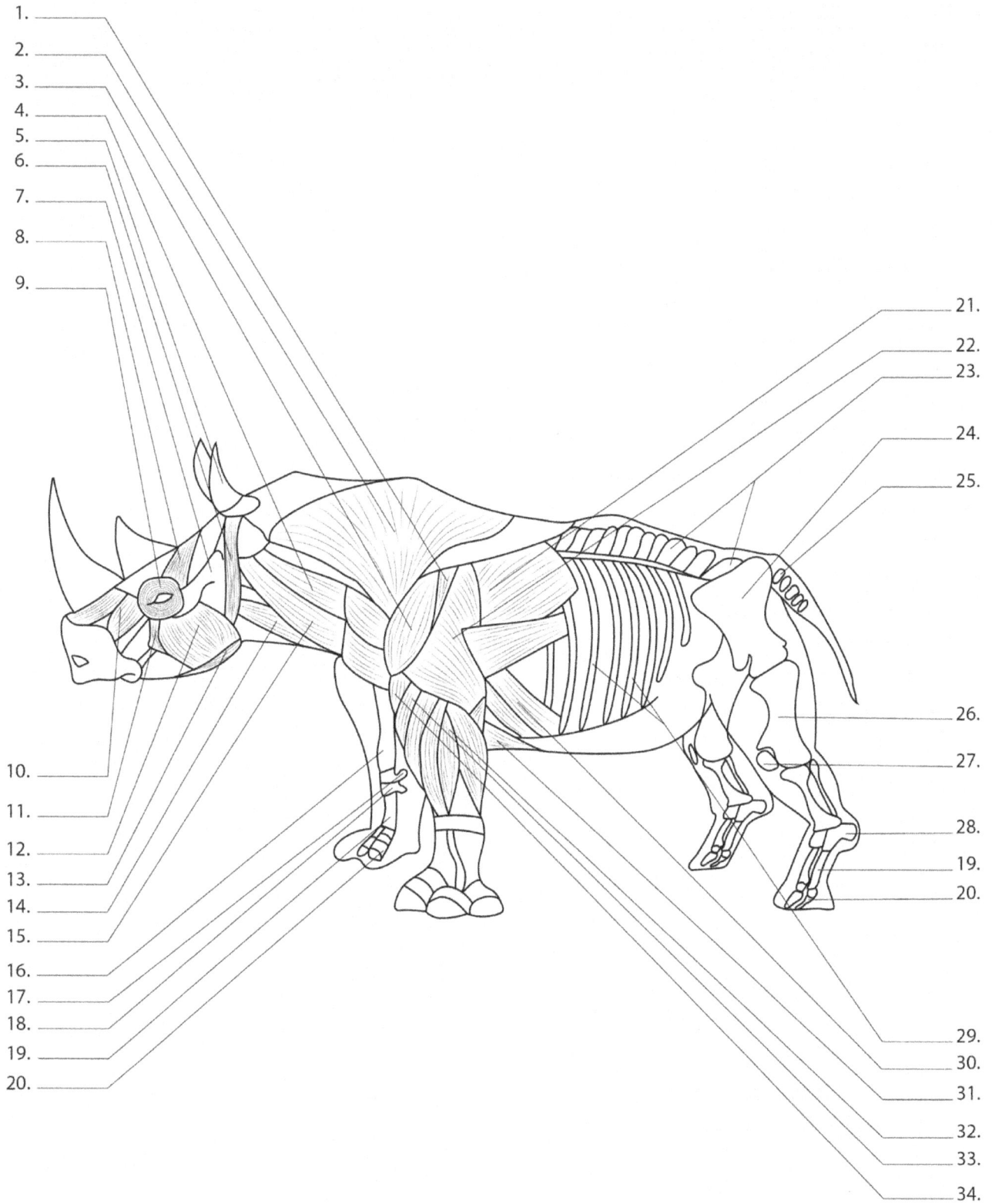

1.
2.
3.
4.
5.
6.
7.
8.
9.

10.
11.
12.
13.
14.
15.
16.
17.
18.
19.
20.

21.
22.
23.
24.
25.
26.
27.
28.
19.
20.
29.
30.
31.
32.
33.
34.

ABSCHNITT 1 NASHORN

1. Musculus teres major
2. Muskulärer Trapezius
3. Deltamuskel
4. Sternocephalicus-Muskel
5. Ohr
6. Jochbeinmuskel
7. Jochbeinbogen
8. Schläfenmuskel
9. Musculus orbicularis oculi
10. Nasolabialis-Muskelhebel
11. Muskelbeschwerden
12. Massagegerät für Muskeln
13. Mylohyloider Muskel
14. Digastricus-Muskel
15. Muskulärer Sternomastoideus
16. Radius
17. Piriform-Knochen
18. Karpus
19. Mittelhandknochen
20. Zehenspitzen
21. Latissimus-dorsa-Muskel
22. Muskulöser Trizeps
23. Lendenwirbel
24. Becken
25. Caudalwirbel
26. Oberschenkelknochen
27. Patella
28. Ancus
29. Küsten
30. Schräger äußerer Bauchmuskel
31. Brustmuskel (Musculus pectoralis ascendens)
32. Handgelenk- und Fingerverlängerungen
33. Carpi radialis-Muskelexpander
34. Brachialer Muskel

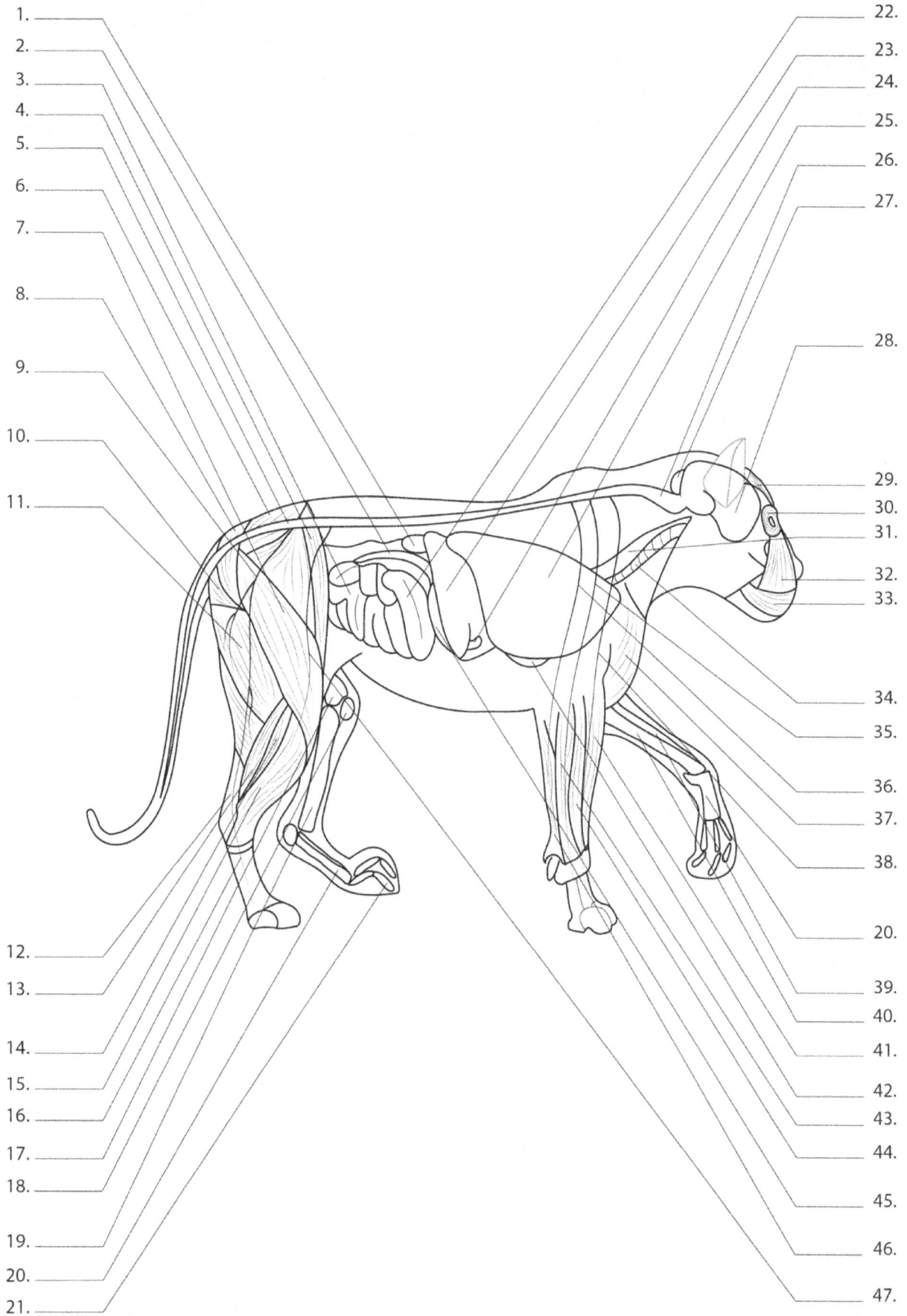

1.
2.
3.
4.
5.
6.
7.
8.
9.
10.
11.

12.
13.
14.
15.
16.
17.
18.
19.
20.
21.

22.
23.
24.
25.
26.
27.

28.

29.
30.
31.
32.
33.

34.
35.

36.
37.
38.

20.

39.
40.
41.
42.
43.
44.
45.
46.
47.

ABSCHNITT 2 LÖWE

1. Nieren
2. Bauchspeicheldrüse
3. Dünndarm
4. Muskulärer Satrorius
5. Rückenmark
6. Fascia latae-Muskelspanner
7. Musculus vastus lateralis
8. Maximaler Gesäßmuskel
9. Ischiasnerv
10. Musculus Caudal Femoris
11. Bizeps femoris Muskel
12. Achillessehne
13. Dammmuskel Longus
14. Muskelexpander digitorum longus
15. Tibialis-cranfalis-Muskel
16. Schienbeinnerv
17. Oberschenkelknochen
18. Patella
19. Schienbein
20. Metatarsus
21. Zehenspitzen
22. Der Dickdarm
23. Leber
24. Gallenblase
25. Lunge
26. Hirnstamm
27. Cervelet
28. Zerebrale Hemisphäre
29. Schläfenmuskel
30. Musculus orbicularis oculi
31. Speiseröhre
32. Nasolabialis-Muskelhebel
33. Musculus orbicularis oris
34. Luftröhre
35. Der Nervus medianus
36. Der Nervus ulnaris
37. Brachiocephaler Muskel
38. Radialnerv
39. Radius
40. Ulna
41. Muskelexpander digitoris communis
42. Herz
43. Carpi ulnaris-Muskel-Expander
44. Muskelexpander Digitorum lateralis
45. Magen
46. Flexor carpi ulnaris Muskel
47. Nervus femoralis

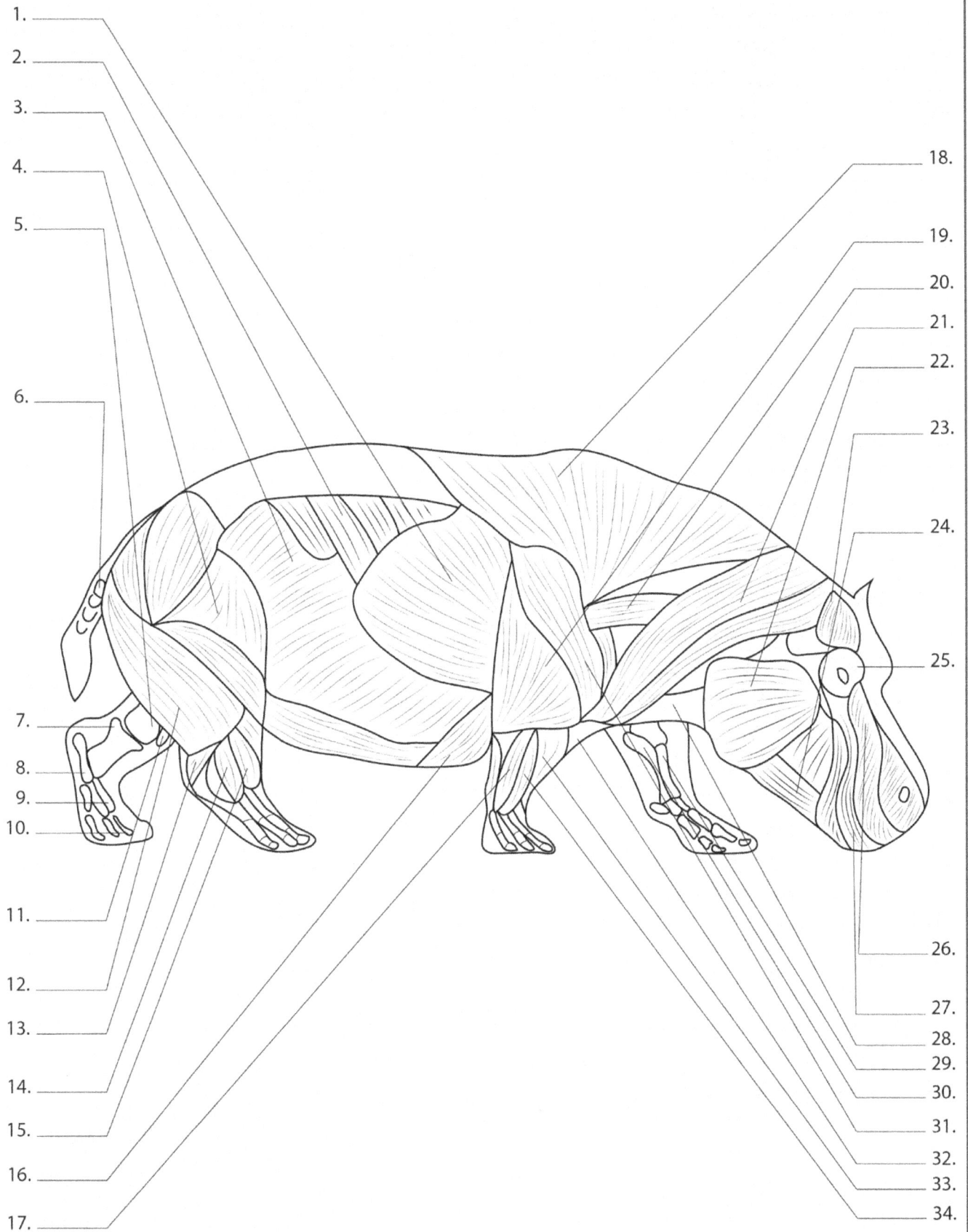

1.

2.

3.

4.

5.

6.

7.

8.

9.

10.

11.

12.

13.

14.

15.

16.

17.

18.

19.

20.

21.

22.

23.

24.

25.

26.

27.

28.

29.

30.

31.

32.

33.

34.

ABSCHNITT 3 HIPPO

1. Latissimus dorsi Muskel
2. Serratus-Muskel
3. Schräger Muskel des Bauches
4. Fascia latae-Muskelspanner
5. Oberschenkelknochen
6. Coccygealwirbel
7. Wadenbein
8. Calcaneus
9. Metatarsus
10. Zehenspitzen
11. Patella
12. Bizeps Oberschenkelmuskel
13. Tiefer digitaler Beugemuskel
14. Muskelexpander digitorum pedis lsteralis
15. Muskelexpander digitorum longus
16. Pektoraler Muskel
17. Carpi ulnaris-Muskel-Expander
18. Trapezmuskel
19. Muskulöser Trizeps
20. Muskel-Splenius
21. Brachiocephaler Muskel
22. Massagegerät für Muskeln
23. Schläfenmuskel
24. Unterlippenmuskeldrücker
25. Musculus orbicularis oculi
26. Lippenmuskel anheben
27. Musculus orbicularis oris
28. Sternohyoideus-Muskel
29. Ulna
30. Radia
31. Deltamuskel
32. Brachialer Muskel
33. Carpi radialis-Muskelexpander
34. Muskelexpander digitorum communis

ABSCHNITT 4 PERROKETT

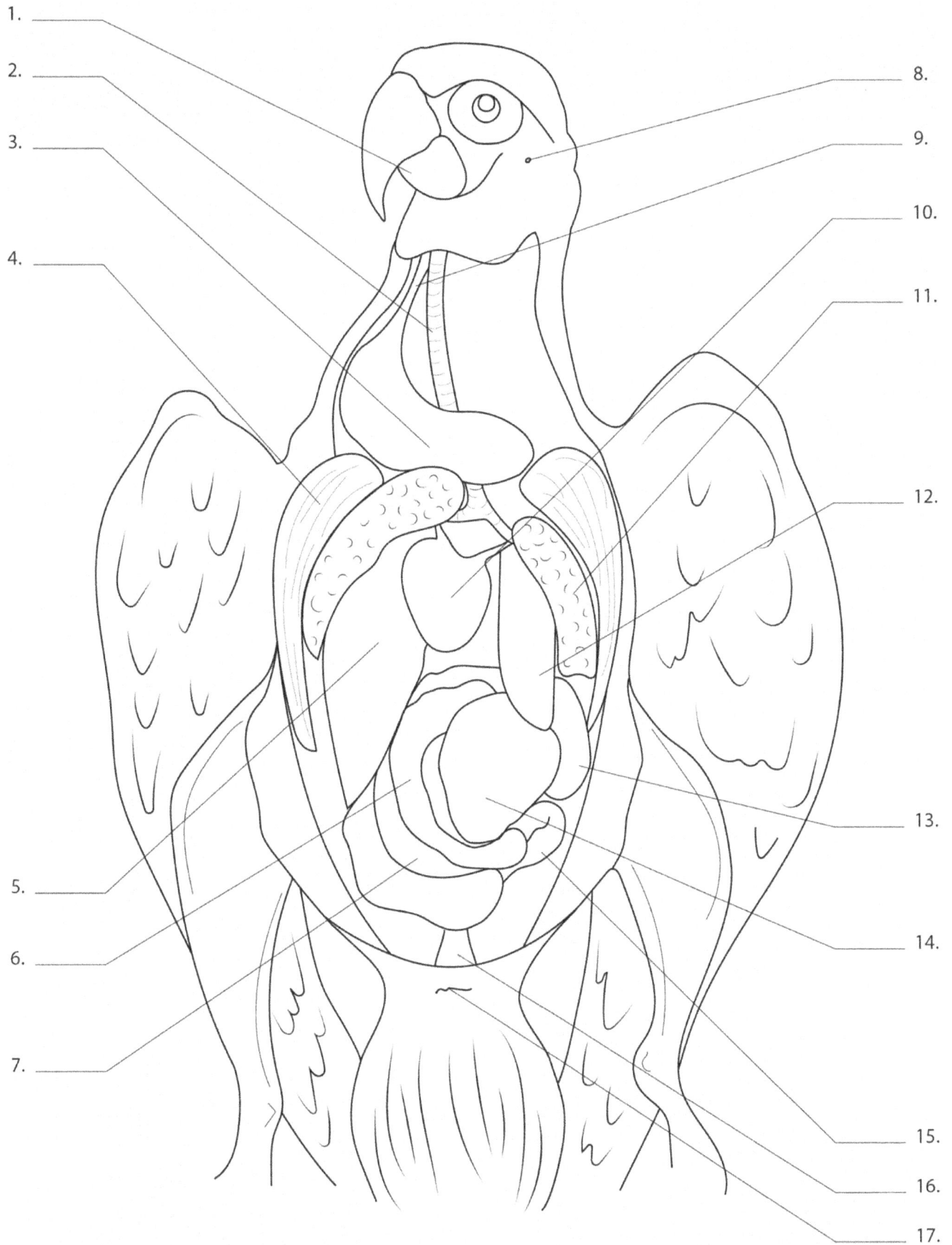

1.

2.

3.

4.

5.

6.

7.

8.

9.

10.

11.

12.

13.

14.

15.

16.

17.

ABSCHNITT 4 PERROKETT

1. Bec
2. Tracks
3. Kultur
4. Pektoraler Muskel
5. Leber
6. Zwölffingerdarm
7. Bauchspeicheldrüse
8. Ohr
9. Speiseröhre
10. Herz
11. Lunge
12. Proventriculus
13. Niere
14. Ventrikel oder Muskelmagen
15. Dünndarm
16. Kloake
17. Anus oder Entlüftung

1.

2.

3.

4.

5.

6.

7.

8.

9.

10.

11.

12.

13.

14.

15.

16.

17.

18.

19.

20.

21.

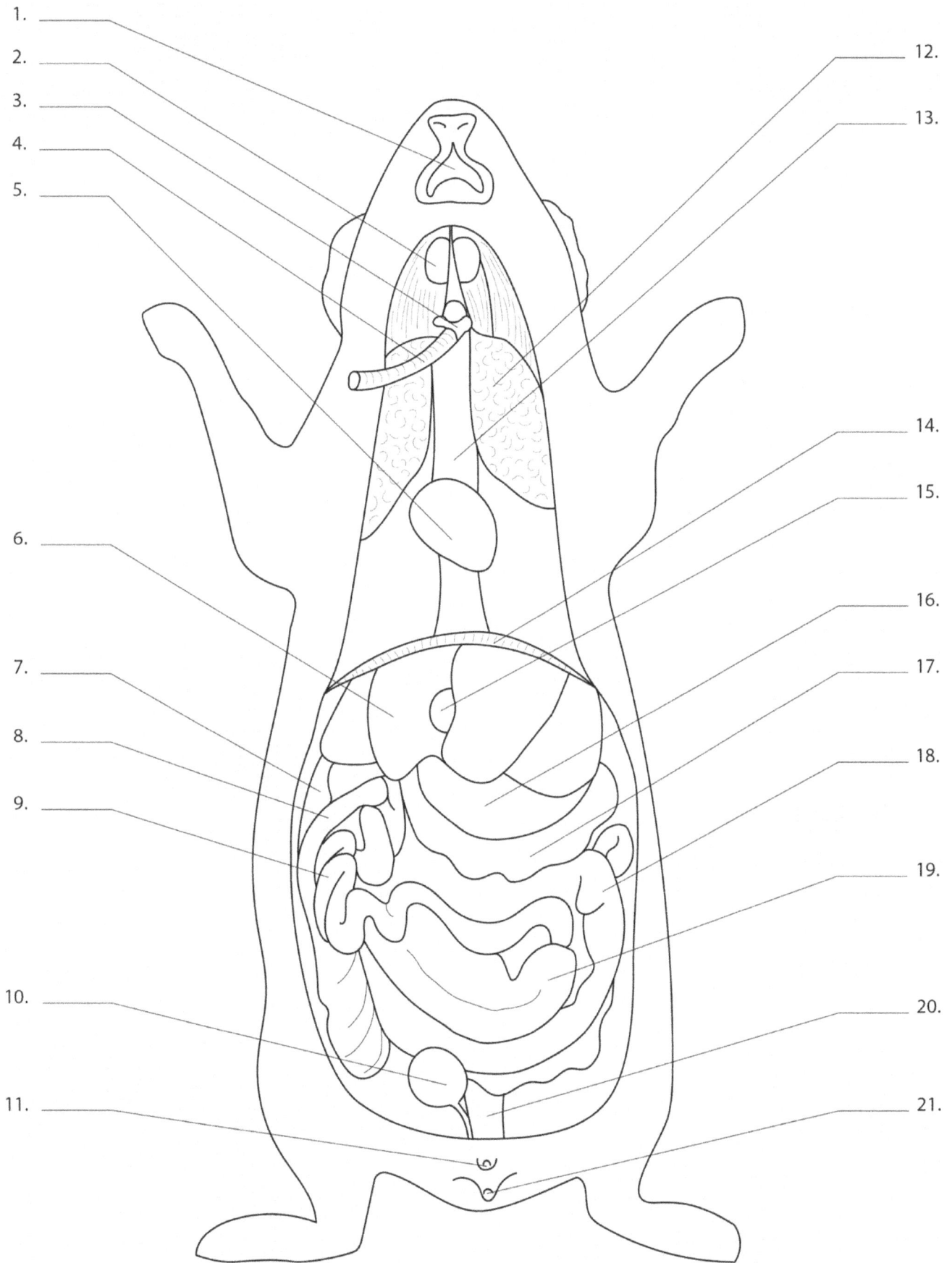

ABSCHNITT 5 MEERSCHWEINCHEN

1. Mund
2. Submaxillardrüse
3. Kehlkopf
4. Luftröhre
5. Herz
6. Leber
7. Jejunum
8. Zwölffingerdarm
9. Ileum
10. Blase
11. Harnröhre
12. Lunge
13. Speiseröhre
14. Diaphragma
15. Gallenblase
16. Magen
17. Querkolon
18. Aufsteigender Dickdarm
19. Cecum
20. Rektum
21. Anus

ABSCHNITT 6 LLAMA

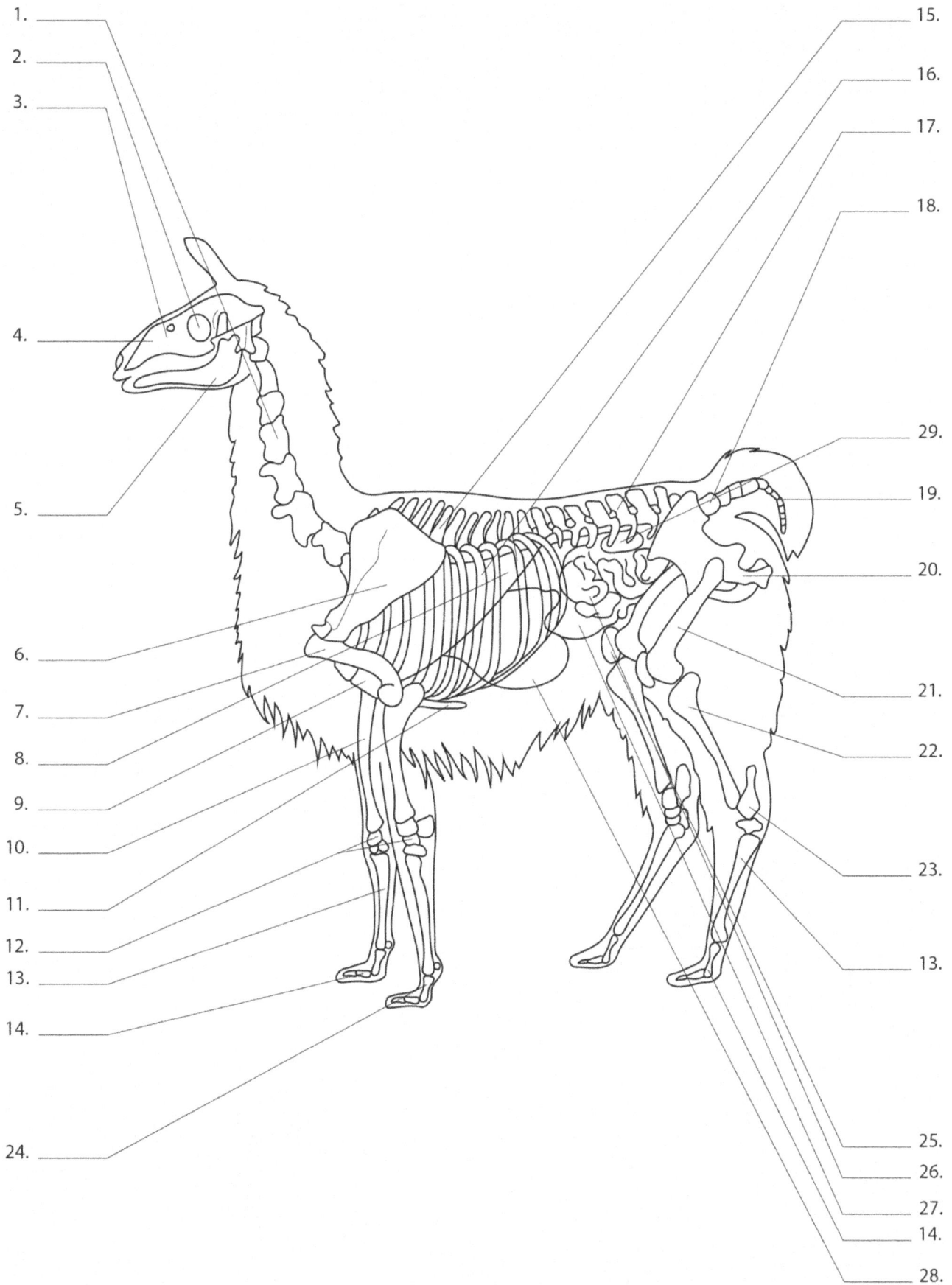

1.

2.

3.

4.

5.

6.

7.

8.

9.

10.

11.

12.

13.

14.

24.

15.

16.

17.

18.

29.

19.

20.

21.

22.

23.

13.

25.

26.

27.

14.

28.

ABSCHNITT 6 LLAMA

1. Halswirbelsäule
2. Umlaufbahn
3. Schädel
4. Oberkiefer
5. Mandibla
6. Schulterblatt
7. Oberarmknochen
8. Lunge
9. Sternum
10. Radius
11. Xiphoid-Prozess
12. Karpus
13. Mittelhandknochen (Lauf)
14. Zehenspitzen
15. Brustwirbelsäule
16. Küsten
17. Lendenwirbel
18. Kreuzbein
19. Caudalwirbel
20. Becken
21. Oberschenkelknochen
22. Schienbein
23. Tarsus
24. Fesseln
25. Patella
26. Dünndarm
27. Magen
28. Leber
29. Niere

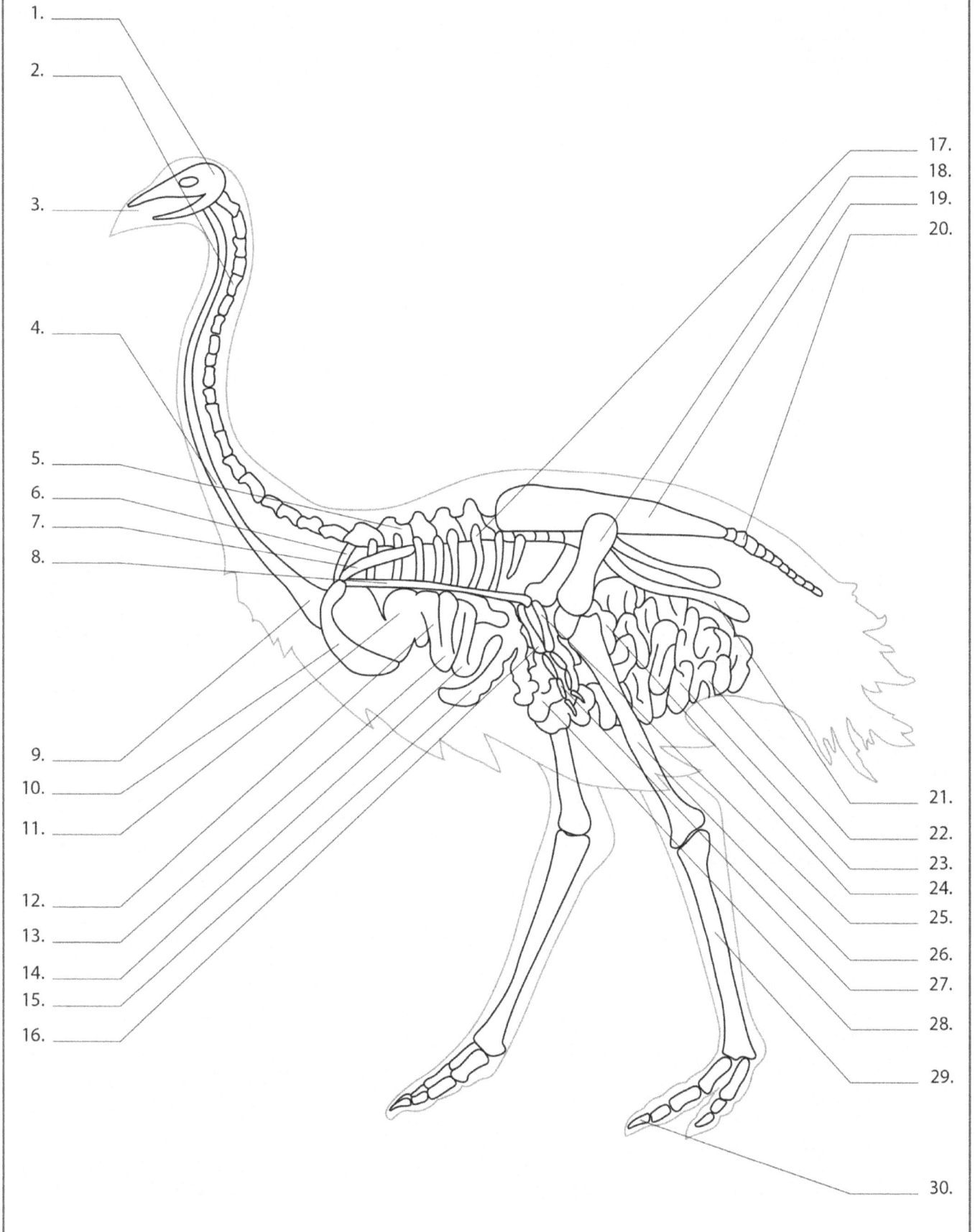

1.

2.

3.

4.

5.

6.

7.

8.

9.

10.

11.

12.

13.

14.

15.

16.

17.

18.

19.

20.

21.

22.

23.

24.

25.

26.

27.

28.

29.

30.

ABSCHNITT 7 STRAUß

1. Schädel
2. Halswirbelsäule
3. Maul und Schnabel
4. Speiseröhre
5. Brustwirbelsäule
6. Clavicula
7. Schulterblatt
8. Oberarmknochen
9. Proventriculus
10. Sternum
11. Gésier
12. Zwölffingerdarm
13. Jejunum
14. Ileum
15. Cecum
16. Radius
17. Küsten
18. Oberschenkelknochen
19. Becken
20. Caudalwirbel
21. Pubis
22. Kloake
23. Distaler Dickdarm
24. Mittlerer Dickdarm
25. Ulna
26. Tibiotarsus
27. Zehenspitzen
28. Proximaler Dickdarm
29. Tarsometatarsus
30. Pedal Phalangen

ABSCHNITT 8 SKORPION

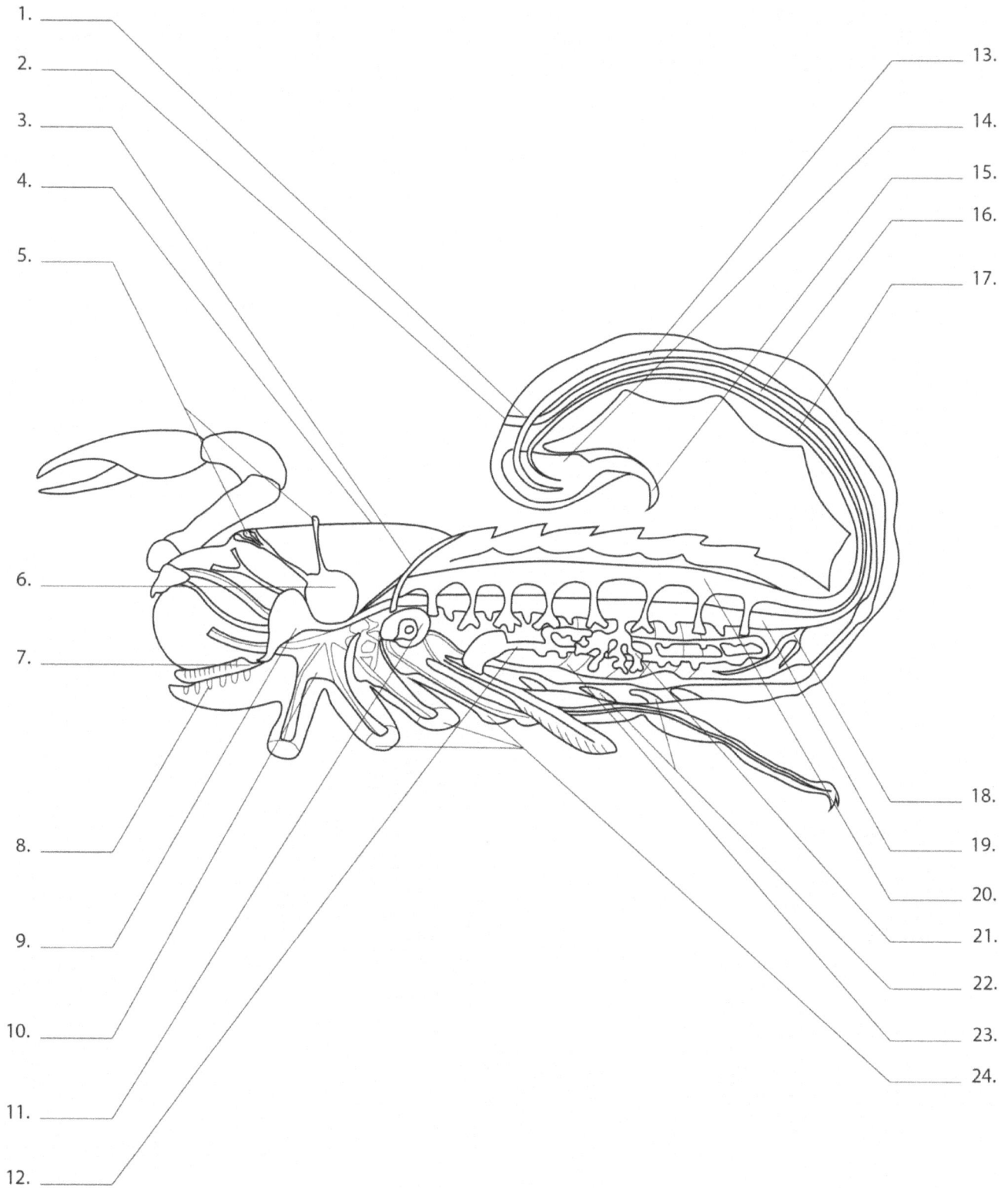

1.
2.
3.
4.
5.
6.
7.
8.
9.
10.
11.
12.

13.
14.
15.
16.
17.
18.
19.
20.
21.
22.
23.
24.

ABSCHNITT 8 SKORPION

1. Der hintere Teil des Darms
2. Anus-Ventile
3. Diaphragma
4. Prosome-Schild
5. Augen
6. Gehirn
7. Mund
8. Gnathocoxal-Drüsen
9. Pharyngeal
10. Subösophageale Nervenmasse
11. Steißbeindrüse
12. Genital-System
13. Nervenstrang
14. Giftblase
15. Sting
16. Ileon
17. Subintestinale Arterie
18. Malpighi's Röhren
19. Mitteldarm
20. Herz
21. Verdauungsdrüse
22. Lungenpfund
23. Venöser Sinus
24. Beine

ABSCHNITT 9 CHAMAUE

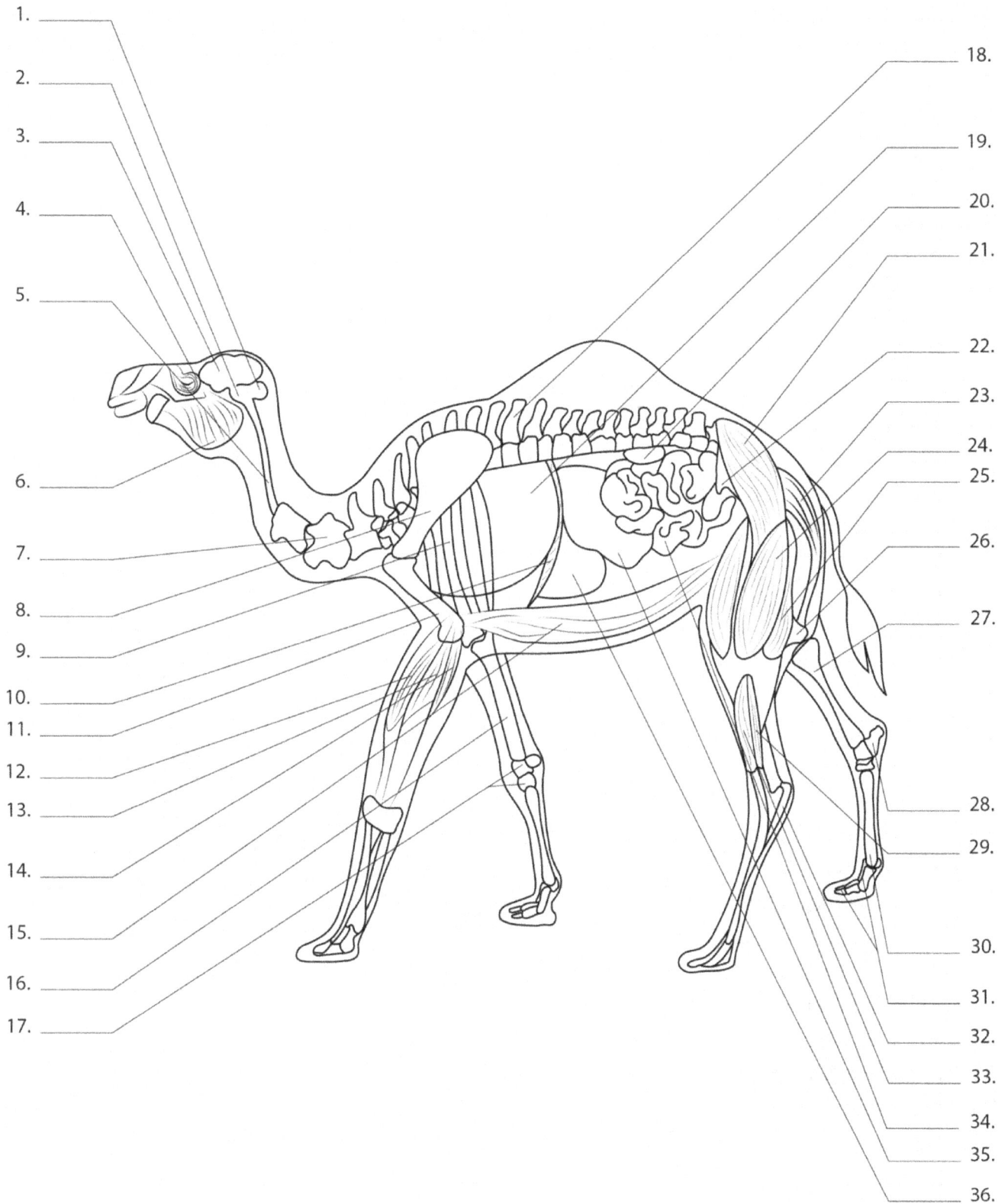

1.

2.

3.

4.

5.

6.

7.

8.

9.

10.

11.

12.

13.

14.

15.

16.

17.

18.

19.

20.

21.

22.

23.

24.

25.

26.

27.

28.

29.

30.

31.

32.

33.

34.

35.

36.

ABSCHNITT 9 CHAMAUE

1. Nervenzelle
2. Zerebrale Hemisphäre
3. Hirnstamm
4. Augenhöhle (Orbicularis oculi)
5. Rückenmark
6. Masseur
7. Halswirbelsäule
8. Schulterblatt
9. Küsten
10. Diaphragma
11. Oberarmknochen
12. Brachioradialis-Muskel
13. Verlängerungsstück des Musculus digitorum communis
14. Verlängerungsstück des Musculus carpi ulnaris
15. Pektoraler Muskel
16. Radius
17. Karpalknochen
18. Brustwirbelsäule
19. Lunge
20. Niere
21. Mittlerer Gesäßmuskel
22. Becken
23. Coccygeus
24. Bizeps femoris Muskel
25. Semimembranöser Muskel
26. Oberschenkelknochen
27. Schienbein
28. Fußwurzelknochen
29. Langer Rumpfmuskel
30. Kanonenknochen
31. Zehenspitzen
32. Achillessehne
33. Extensor-Muskel des Digitorum
34. Dünndarm
35. Magen
36. Leber

ABSCHNITT 10 KÄNGURU

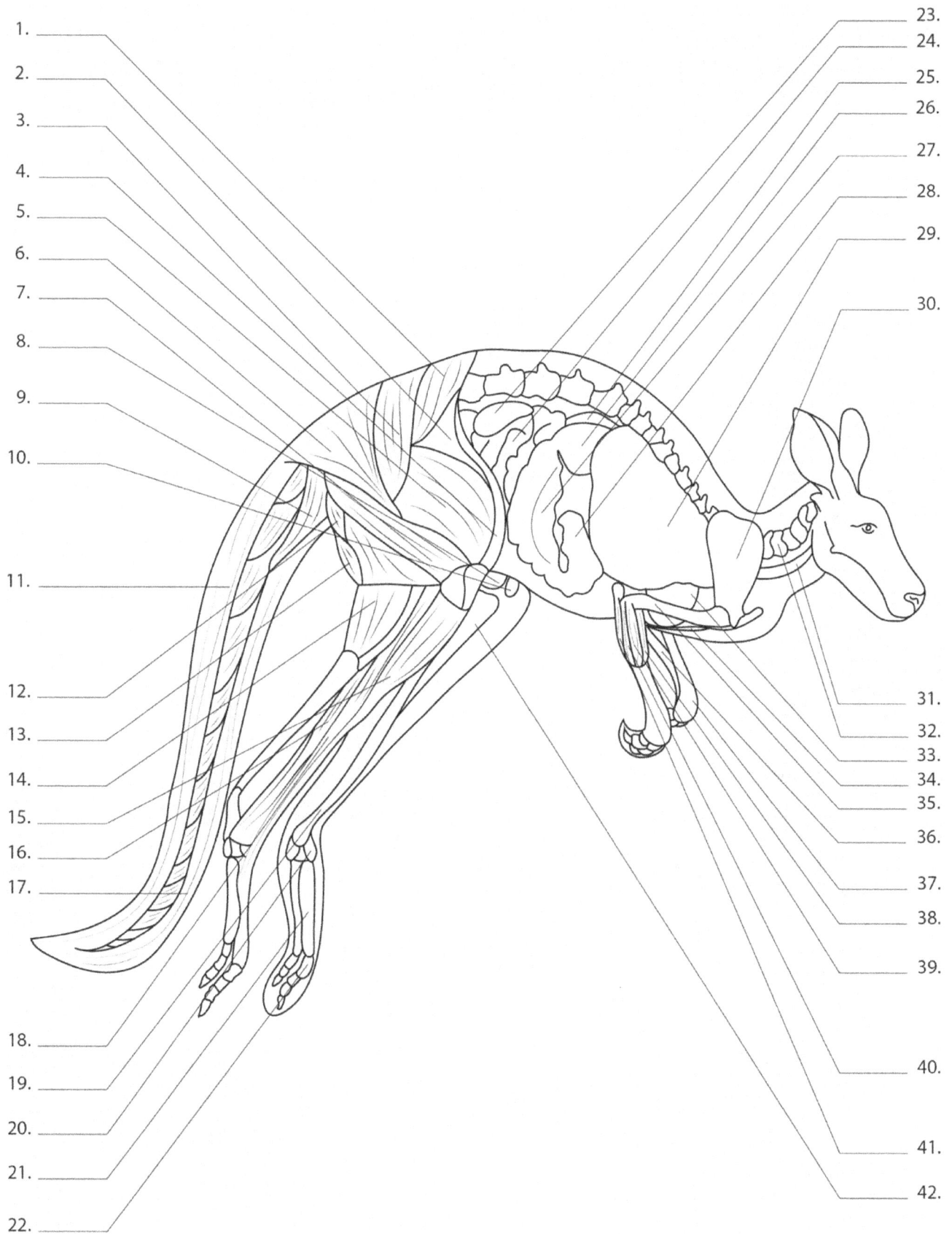

1.

2.

3.

4.

5.

6.

7.

8.

9.

10.

11.

12.

13.

14.

15.

16.

17.

18.

19.

20.

21.

22.

23.

24.

25.

26.

27.

28.

29.

30.

31.

32.

33.

34.

35.

36.

37.

38.

39.

40.

41.

42.

ABSCHNITT 10 KÄNGURU

1. Muskel gluteus medius
2. Tensor fascia lutae
3. Vorderer oberflächlicher Gesäßmuskel
4. Sartorius-Muskel
5. Musculus vastus lateralis
6. Oberflächlicher hinterer Gesäßmuskel
7. Bizeps femoris Muskel
8. Oberschenkelknochen
9. Muskeln Steißbein
10. Patella
11. Muskel Sacrocaudalis dorsalis
12. Muskel semitendinosus
13. Halbmembraner Muskel
14. Muskel Gastroösophageales Oneem
15. Rechter abdominaler Muskel
16. Flexor digitorum profundus Muskel
17. Muskel Sacrocaudalis ventralis
18. Dammmuskel Longus
19. Wadenbein
20. Tarsen
21. Mittelfuß
22. Zehenspitzen
23. Niere
24. Dünndarm
25. Leber
26. Die Hinterhand
27. Der röhrenförmige Vormagen
28. Der sackförmige Magen
29. Lunge
30. Schulterblatt
31. Speiseröhre
32. Halswirbelsäule
33. Herz
34. Sternum
35. Oberarmknochen
36. Ulna
37. Radius
38. Carpi radialis-Muskelexpander
39. Muskelexpander digitorum communis
40. Muskelexpander Digitorum lateralis
41. Carpi ulnaris-Muskel-Expander
42. Schienbein

ABSCHNITT 11 FLEDERMÄUSE

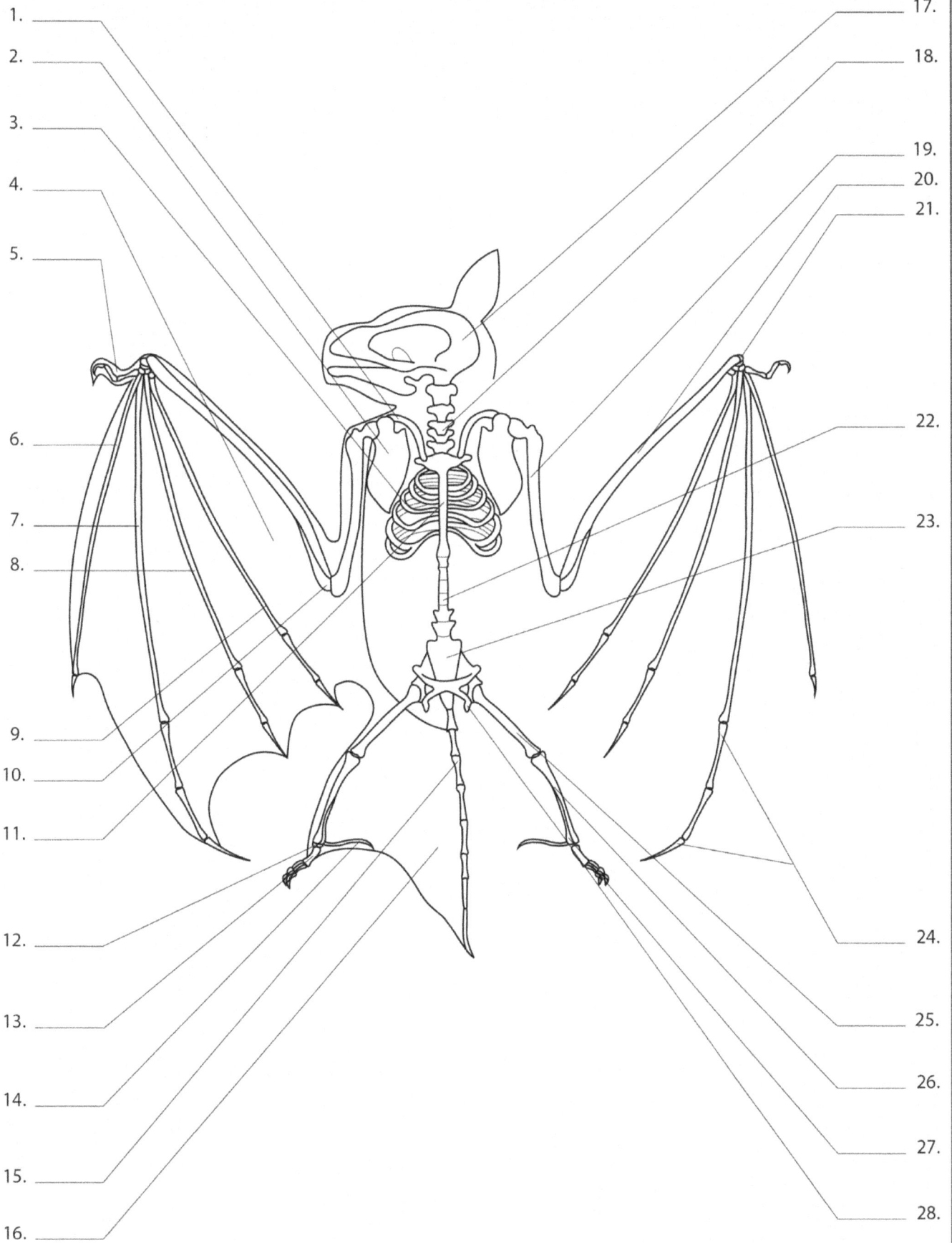

1.

2.

3.

4.

5.

6.

7.

8.

9.

10.

11.

12.

13.

14.

15.

16.

17.

18.

19.

20.

21.

22.

23.

24.

25.

26.

27.

28.

ABSCHNITT 11 FLEDERMÄUSE

1. Clavicula
2. Schulterblatt
3. Küsten
4. Flügelmembrane
5. Inch
6. 2. Finger
7. 3. Finger
8. 4. Finger
9. 5. Finger
10. Ulna
11. Sternum
12. Tarsus
13. Metatarsus
14. Calcar
15. Caudalwirbel
16. Schwanzmembran
17. Schädel
18. Halswirbelsäule
19. Clavicula
20. Oberarmknochen
21. Karpus
22. Lendenwirbel
23. Kreuzbein
24. Zehenspitzen
25. Oberschenkelknochen
26. Schienbein
27. Wadenbein
28. Becken

ABSCHNITT 12 LAUTE

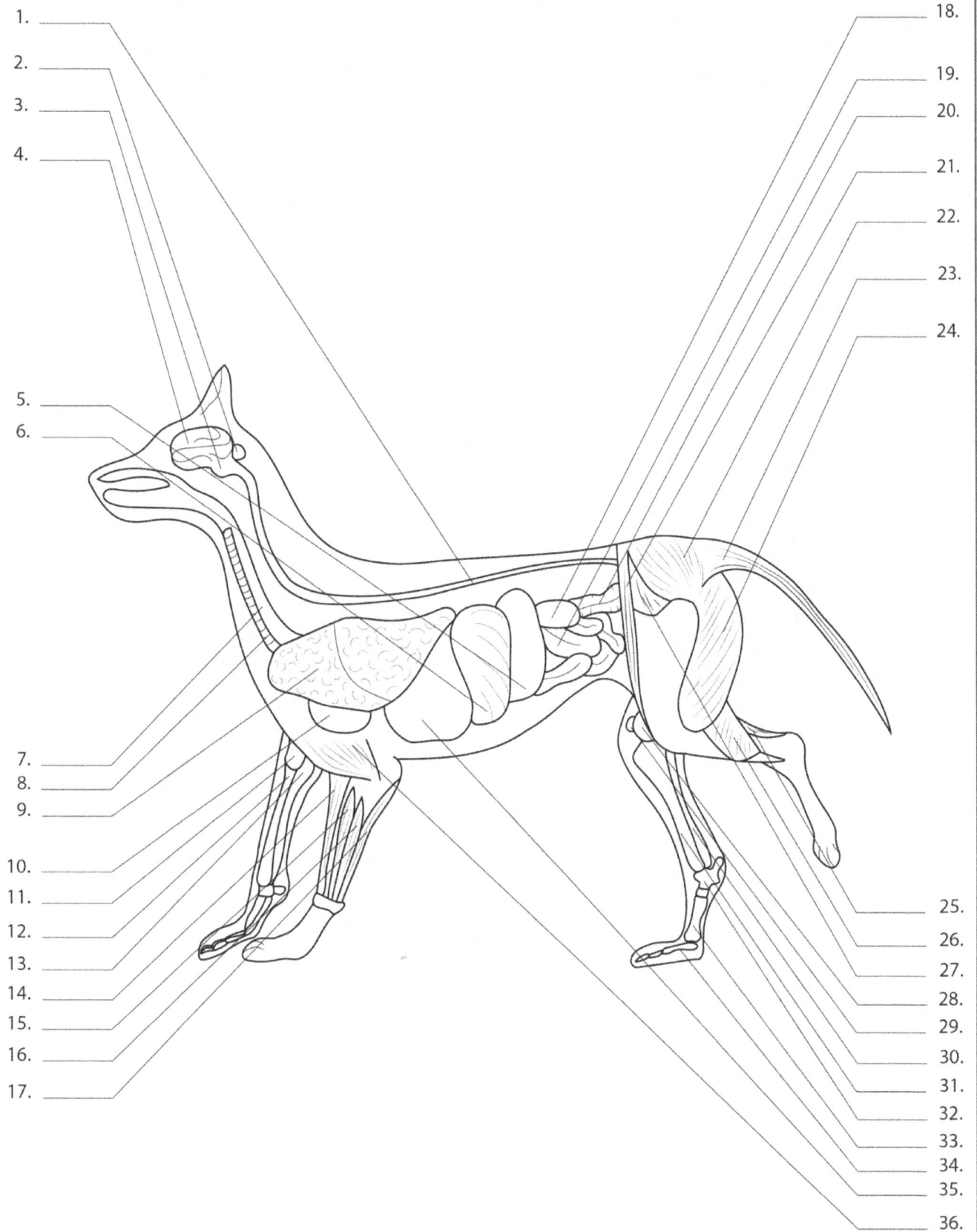

1.

2.

3.

4.

5.

6.

7.

8.

9.

10.

11.

12.

13.

14.

15.

16.

17.

18.

19.

20.

21.

22.

23.

24.

25.

26.

27.

28.

29.

30.

31.

32.

33.

34.

35.

36.

ABSCHNITT 12 LAUTE

1. Rückenmark
2. Nervenzelle
3. Hirnstamm
4. Zerebrale Hemisphäre
5. Bewerten Sie
6. Magen
7. Speiseröhre
8. Luftröhre
9. Lunge
10. Herz
11. Oberarmknochen
12. Radius
13. Ulna
14. Carpi radialis-Muskelexpander
15. Muskelexpander carpi digitorum communis
16. Carpi ulnaris-Muskel-Expander
17. Flexor carpi ulnaris Muskel
18. Niere
19. Dünndarm
20. Doppelpunkt
21. Sartorius-Muskel
22. Muskel gluteus medius
23. Muskelhebel Storytelling
24. Bizeps femoris Muskel
25. Muskelexpander digitorum longus
26. Musculus peroneus brevis
27. Oberflächlicher Gesäßmuskel
28. Oberschenkelknochen
29. Patella
30. Wadenbein
31. Schienbein
32. Tarsen
33. Mittelfuß
34. Zehenspitzen
35. Leber
36. Muskel Trizeps brachii

ABSCHNITT 13 FUCHS

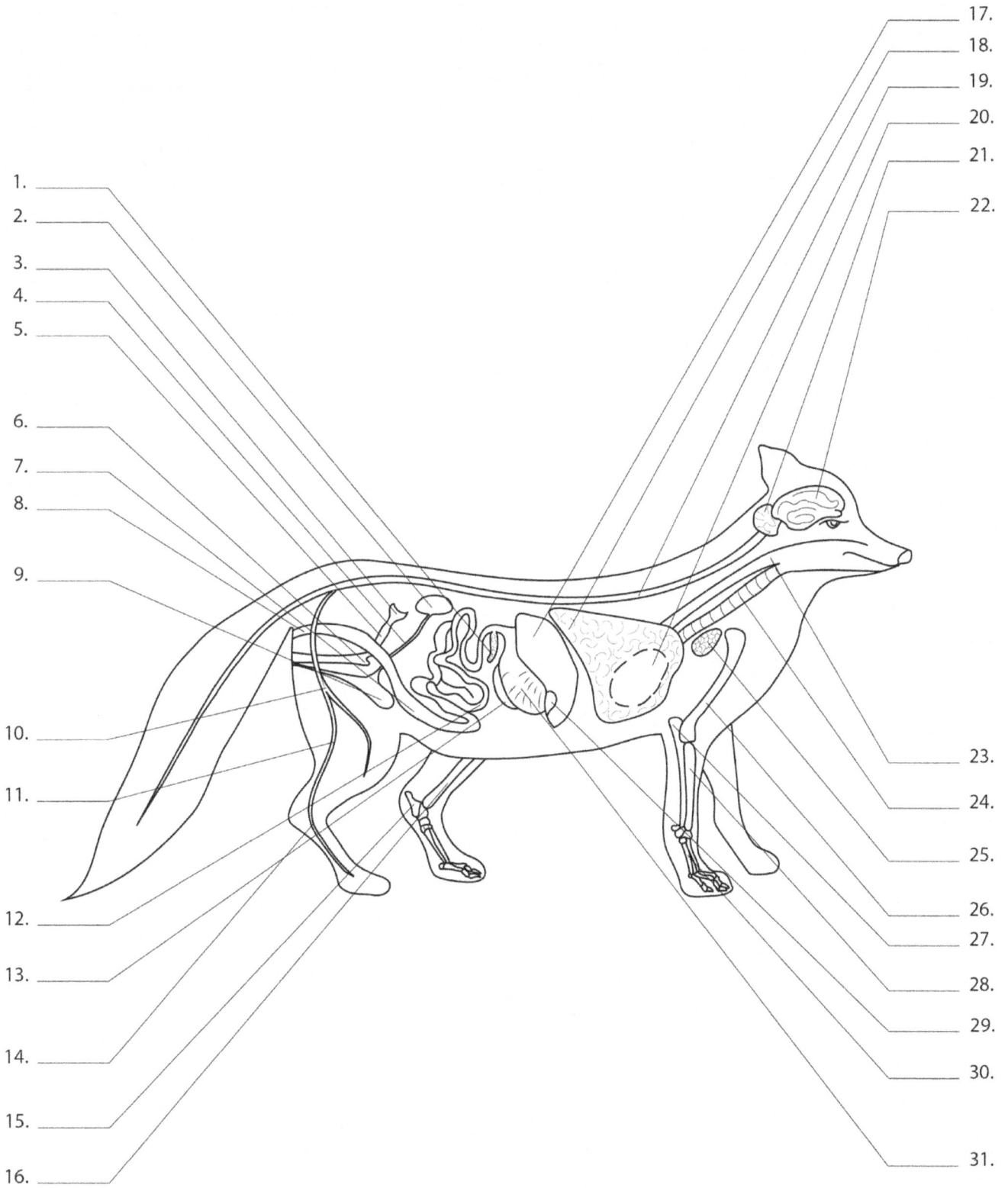

1.
2.
3.
4.
5.
6.
7.
8.
9.
10.
11.
12.
13.
14.
15.
16.

17.
18.
19.
20.
21.
22.
23.
24.
25.
26.
27.
28.
29.
30.
31.

ABSCHNITT 13 FUCHS

1. Pankreas-Drüse
2. Niere
3. Eierstock
4. Ureter
5. Oviducte
6. Gebärmutter
7. Der Dickdarm
8. Rektum
9. Blase
10. Nervus femoralis
11. Ischiasnerv
12. Dünndarm
13. Bewerten Sie
14. Schienbeinnerv
15. Schienbein
16. Tarsus
17. Leber
18. Lunge
19. Rückenmark
20. Herz
21. Cervelet
22. Gehirn
23. Speiseröhre
24. Luftröhre
25. Thymus
26. Oberarmknochen
27. Ulna
28. Radius
29. Gallenblase
30. Mittelfußknochen
31. Magen

ABSCHNITT 14 WASCHBÄR

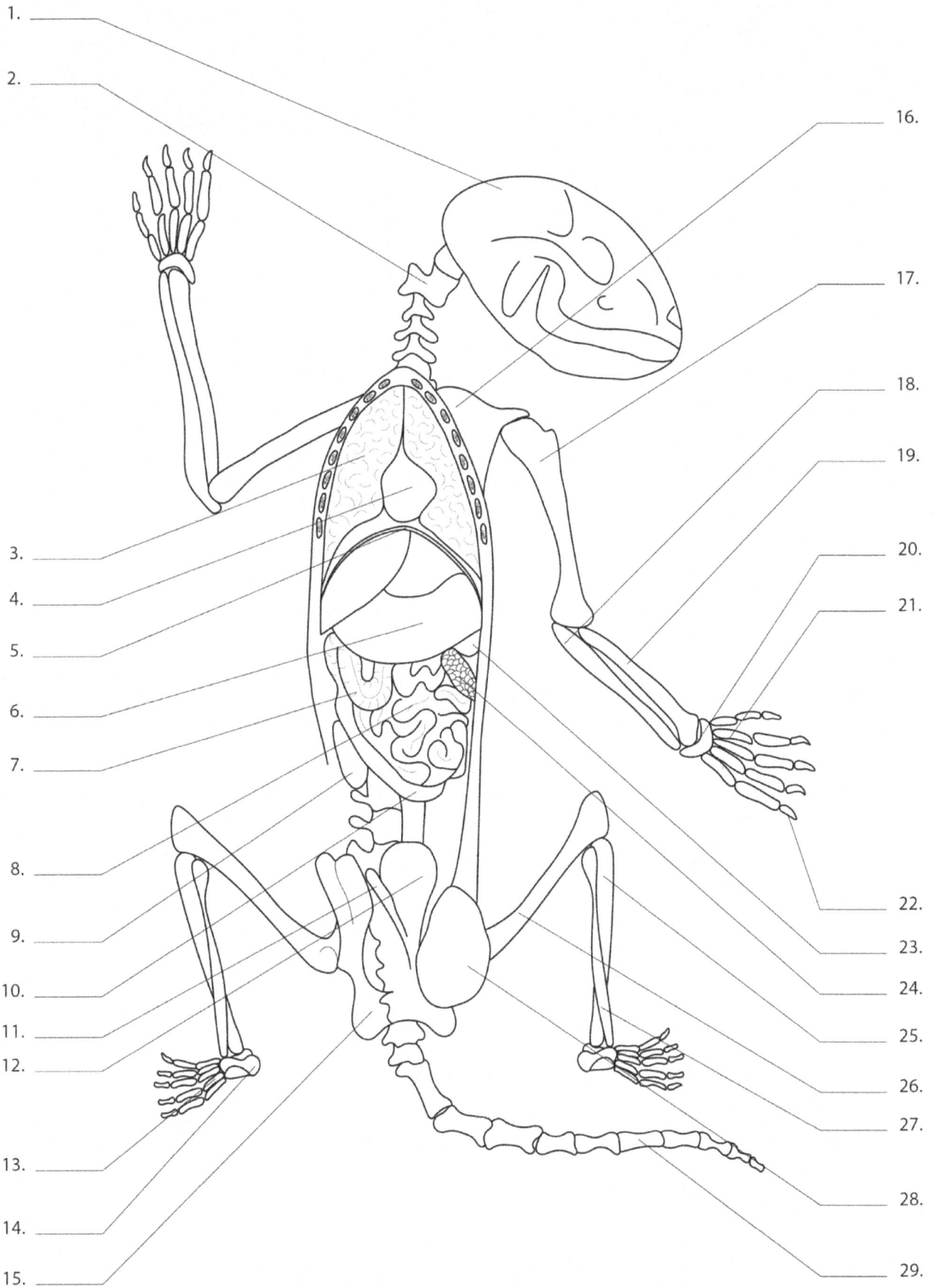

1.

2.

3.

4.

5.

6.

7.

8.

9.

10.

11.

12.

13.

14.

15.

16.

17.

18.

19.

20.

21.

22.

23.

24.

25.

26.

27.

28.

29.

ABSCHNITT 14 WASCHBÄR

1. Schädel
2. Halswirbelsäule
3. Lunge
4. Herz
5. Diaphragma
6. Leber
7. Der Dickdarm
8. Dünndarm
9. Niere
10. Anhang
11. Samenblase
12. Blase
13. Mittelfuß
14. Tarsen
15. Becken
16. Schulterblatt
17. Oberarmknochen
18. Ulna
19. Radius
20. Karpfen
21. Mittelhandknochen
22. Zehenspitzen
23. Magen
24. Bewerten Sie
25. Schienbein
26. Oberschenkelknochen
27. Wadenbein
28. Hoden Nebenhoden
29. Cauda

ABSCHNITT 15 IGEL

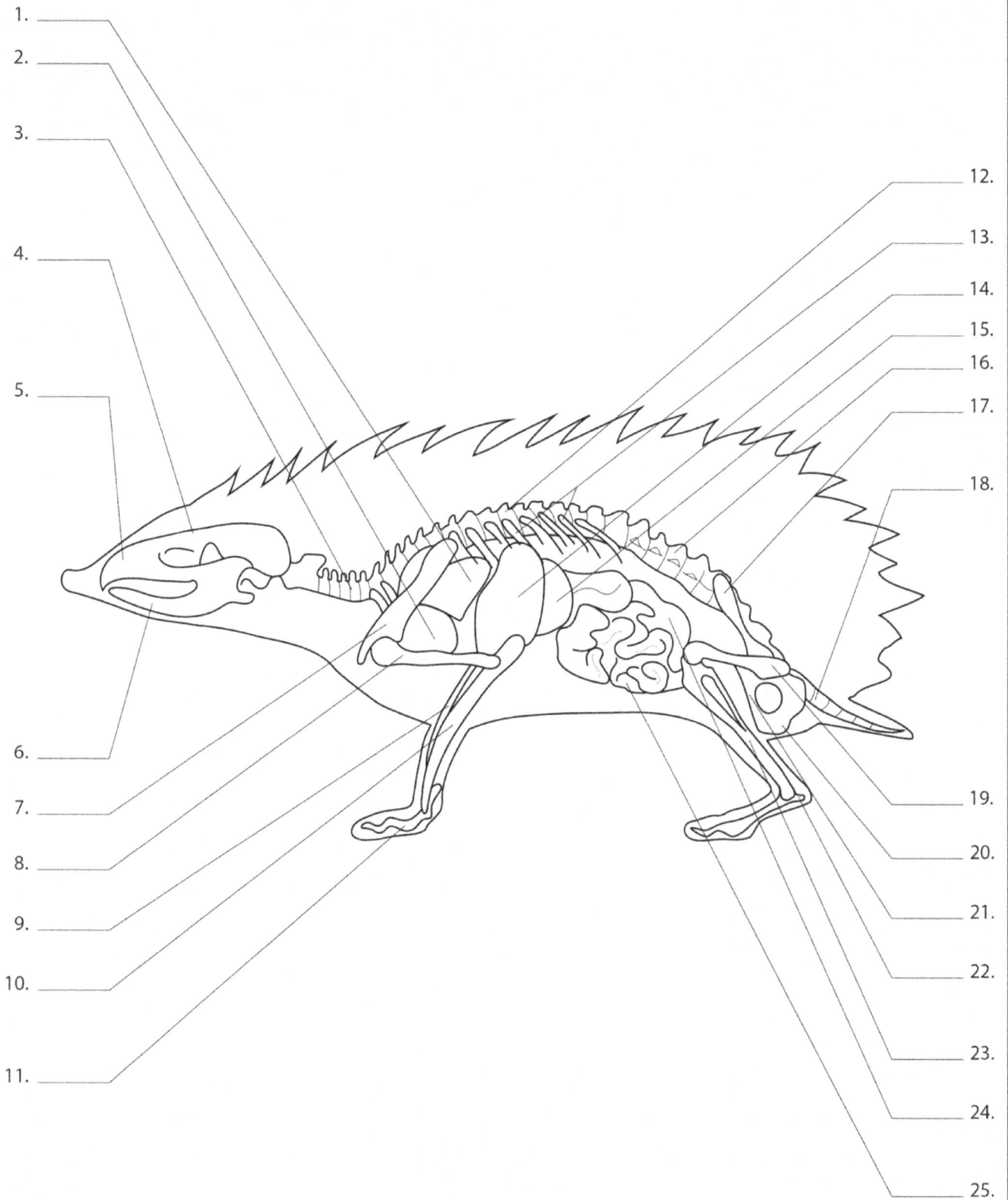

1.

2.

3.

4.

5.

6.

7.

8.

9.

10.

11.

12.

13.

14.

15.

16.

17.

18.

19.

20.

21.

22.

23.

24.

25.

ABSCHNITT 15 IGEL

1. Lunge
2. Herz
3. Halswirbelsäule
4. Schädel
5. Oberkiefer
6. Unterkiefer
7. Schulterblatt
8. Oberarmknochen
9. Radius
10. Ulna
11. Zehenspitzen
12. Brustwirbelsäule
13. Küsten
14. Leber
15. Magen
16. Lendenwirbel
17. Kreuzbein
18. Caudalwirbel
19. Oberschenkelknochen
20. Ischium
21. Pubis
22. Calcaneus
23. Schienbein
24. Der Dickdarm
25. Dünndarm

ABSCHNITT 16 ELCH

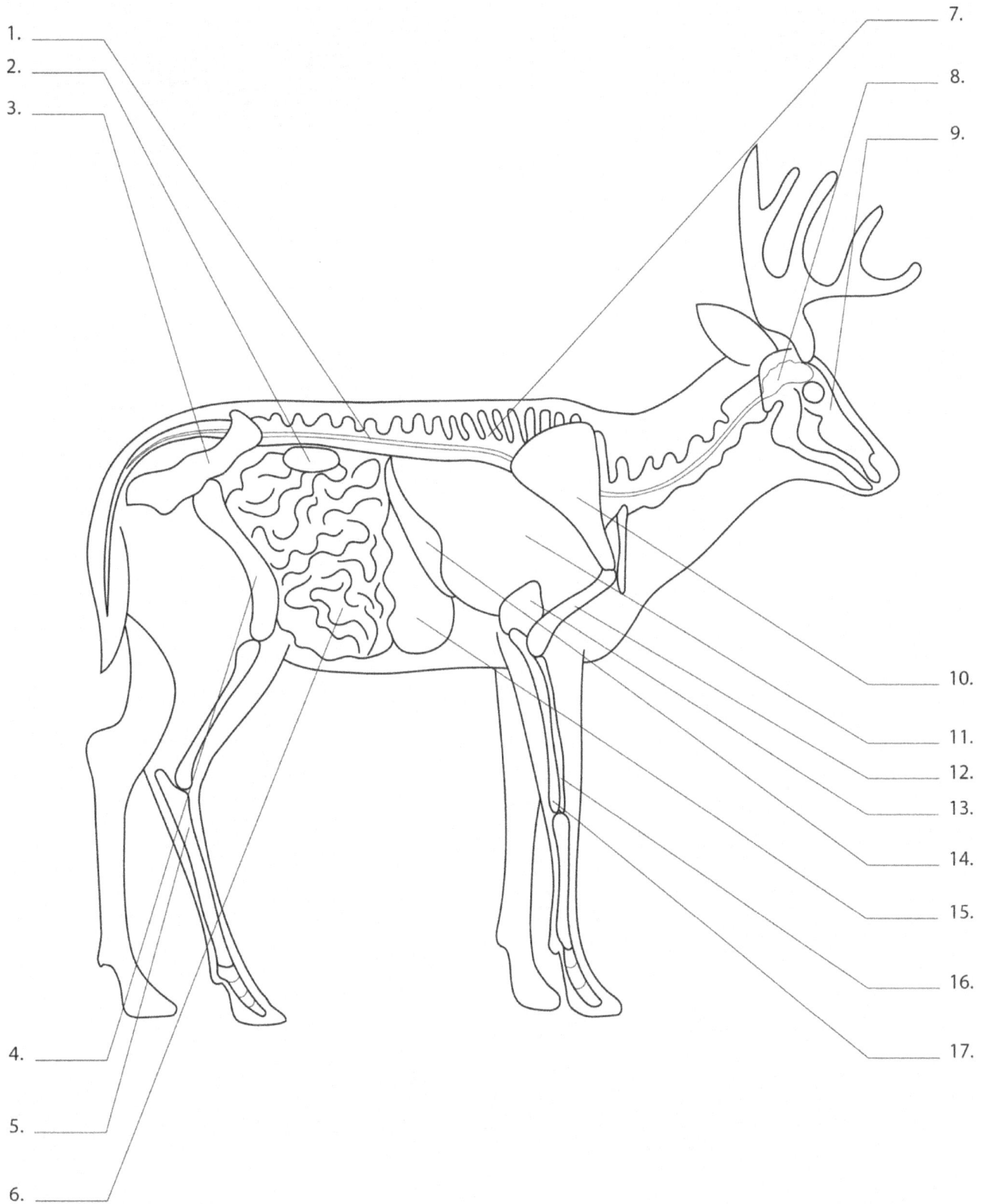

1.

2.

3.

4.

5.

6.

7.

8.

9.

10.

11.

12.

13.

14.

15.

16.

17.

ABSCHNITT 16 ELCH

1. Rückenmark
2. Nieren
3. Becken
4. Oberschenkelknochen
5. Schienbein
6. Intestine
7. Wirbel
8. Gehirn
9. Schädel
10. Schulterblatt
11. Lunge
12. Oberarmknochen
13. Herz
14. Leber
15. Magen
16. Radius
17. Ulna

ABSCHNITT 17 FAULENZEN

1. _____

2. _____

3. _____

4. _____

5. _____

6. _____

7. _____

8. _____

9. _____

10. _____

11. _____

12. _____

13. _____

14. _____

15. _____

16. _____

17. _____

18. _____

19. _____

20. _____

21. _____

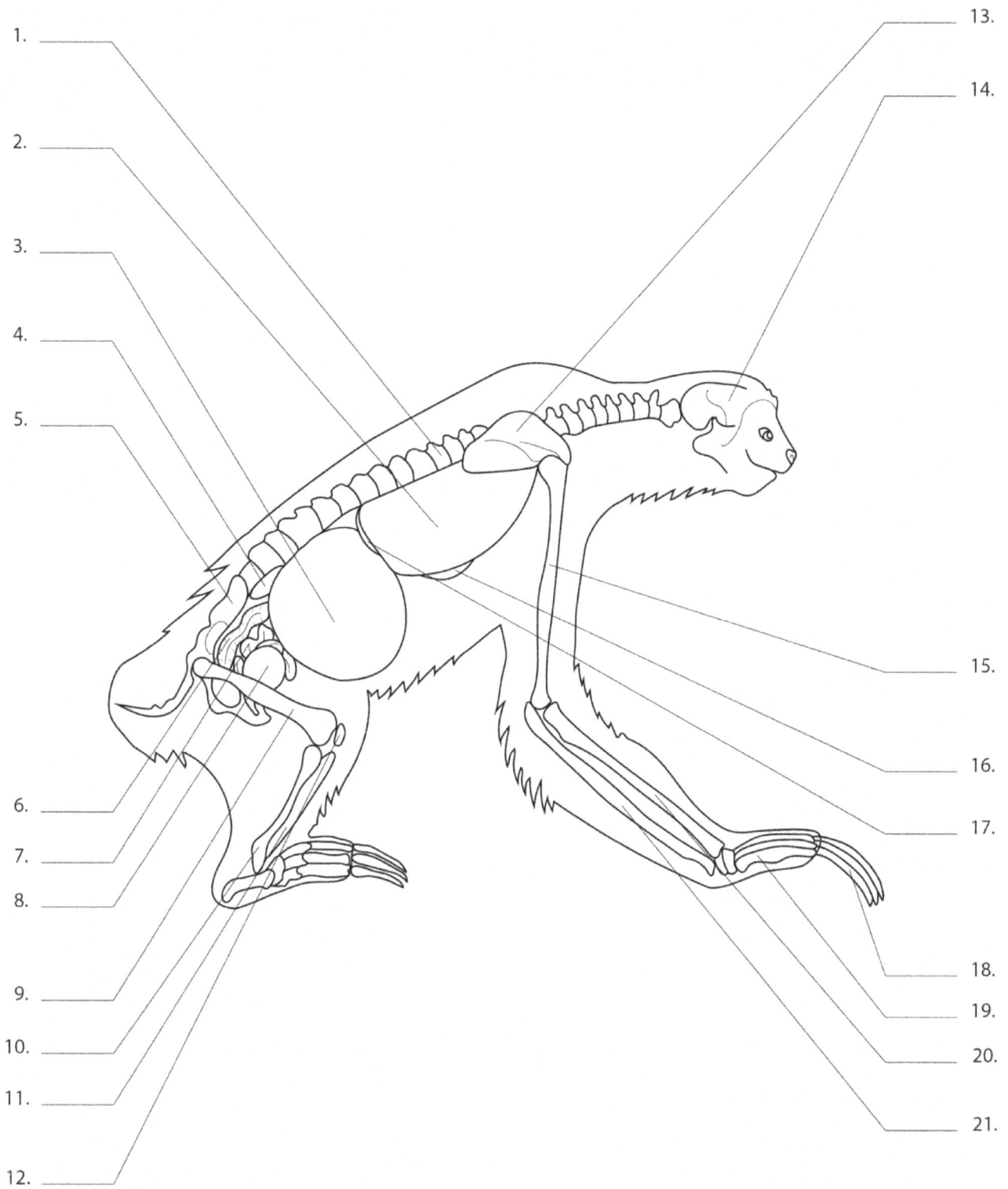

ABSCHNITT 17 FAULENZEN

1. Wirbelsäule

2. Lunge

3. Magen

4. Niere

5. Kreuzbein

6. Doppelpunkt

7. Dünndarm

8. Blase

9. Oberschenkelknochen

10. Wadenbein

11. Schienbein

12. Patella

13. Schulterblatt

14. Schädel

15. Oberarmknochen

16. Herz

17. Leber

18. Zehen

19. Karpal

20. Ulna

21. Radius

ABSCHNITT 18 WISENT

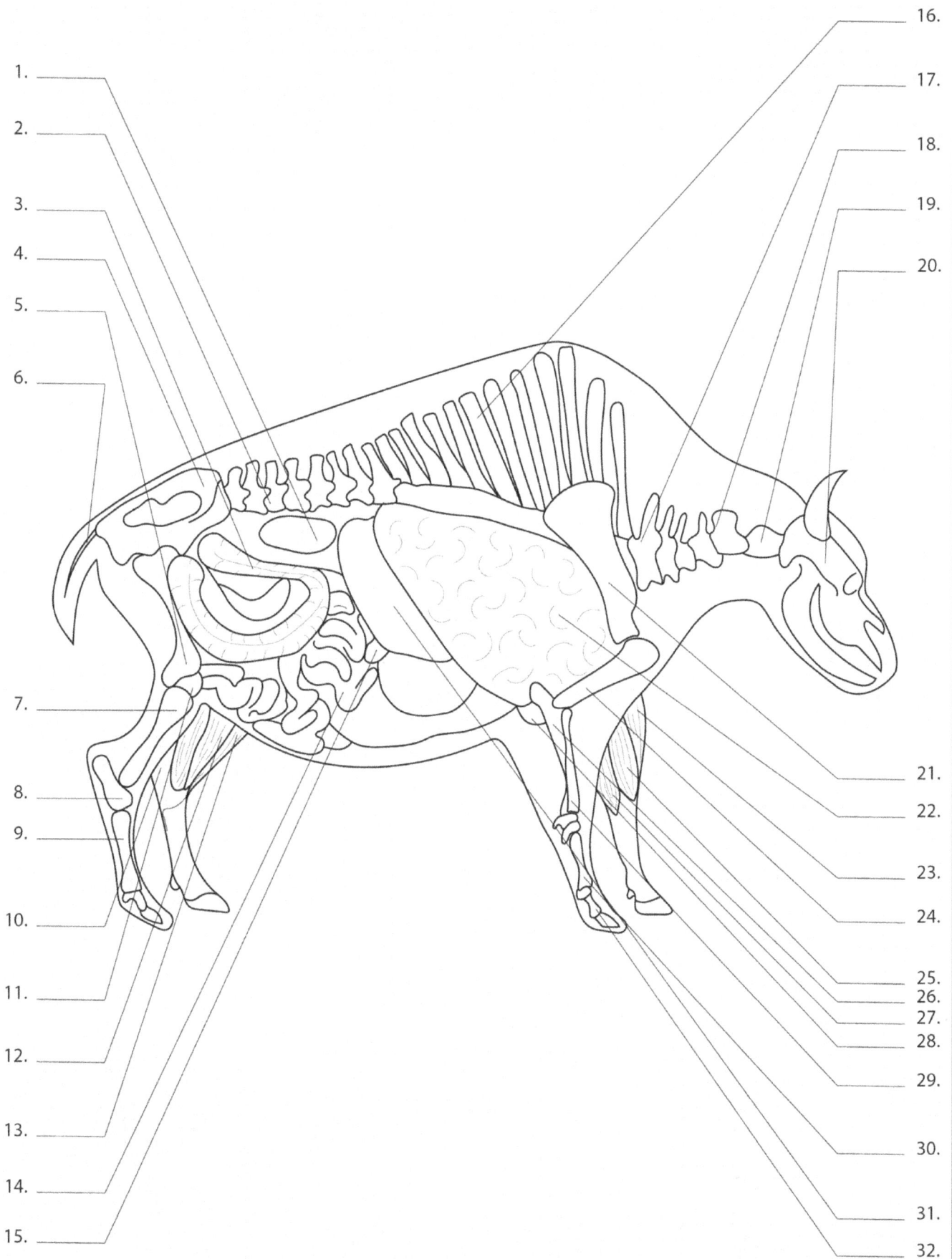

1.

2.

3.

4.

5.

6.

7.

8.

9.

10.

11.

12.

13.

14.

15.

16.

17.

18.

19.

20.

21.

22.

23.

24.

25.

26.

27.

28.

29.

30.

31.

32.

ABSCHNITT 18 WISENT

1. Niere
2. Lendenwirbel
3. Der Dickdarm
4. Kreuzbein
5. Oberschenkelknochen
6. Caudal
7. Schienbein
8. Tarsen
9. Mittelfußknochen
10. Achillessehne
11. Patella
12. Muskelexpander digitorum longus
13. Muskuläre Fibula
14. Dünndarm
15. Gallenblase
16. Brustwirbelsäule
17. Halswirbelsäule
18. Achse
19. Atlas
20. Schädel
21. Schulterblatt
22. Lunge
23. Brachioradialis-Muskel
24. Oberarmknochen
25. Carpi radialis-Muskelexpander
26. Ulna
27. Flexor carpi ulnaris Muskel
28. Herz
29. Radius
30. Mittelhandknochen
31. Leber
32. Zehenspitzen

ABSCHNITT 19 BIBER

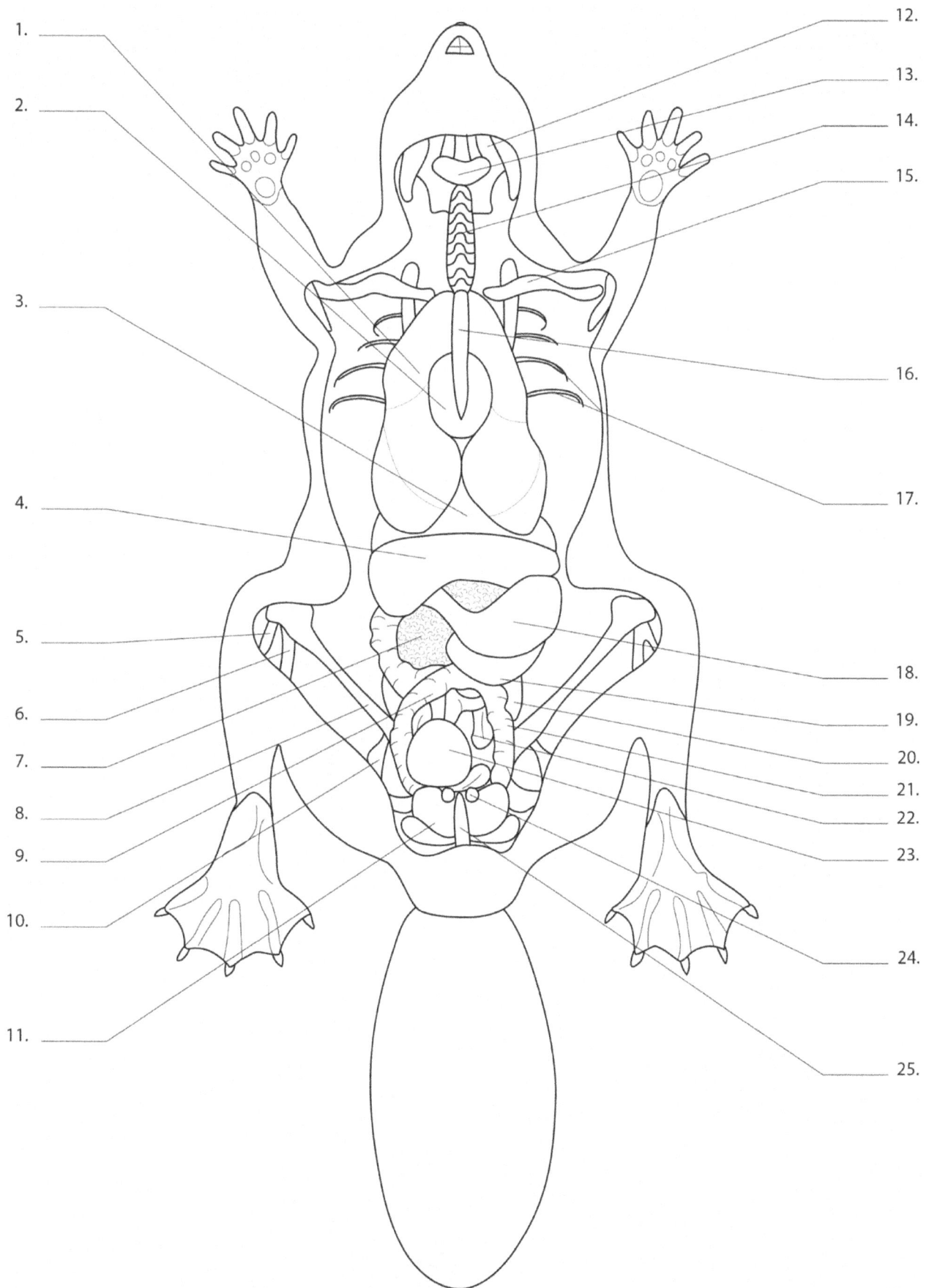

1.

2.

3.

4.

5.

6.

7.

8.

9.

10.

11.

12.

13.

14.

15.

16.

17.

18.

19.

20.

21.

22.

23.

24.

25.

ABSCHNITT 19 BIBER

1. Lunge
2. Herz
3. Diaphragma
4. Leber
5. Schienbein
6. Wadenbein
7. Bauchspeicheldrüse
8. Oberschenkelknochen
9. Aufsteigender Dickdarm
10. Becken
11. Die Analdrüsen
12. Schädel
13. Gehirn
14. Wirbel
15. Schulterblatt
16. Sternum
17. Küsten
18. Magen
19. Bewerten Sie
20. Niere
21. Absteigender Dickdarm
22. Dünndarm
23. Blase
24. Hoden
25. Penis

ABSCHNITT **20** OTTER

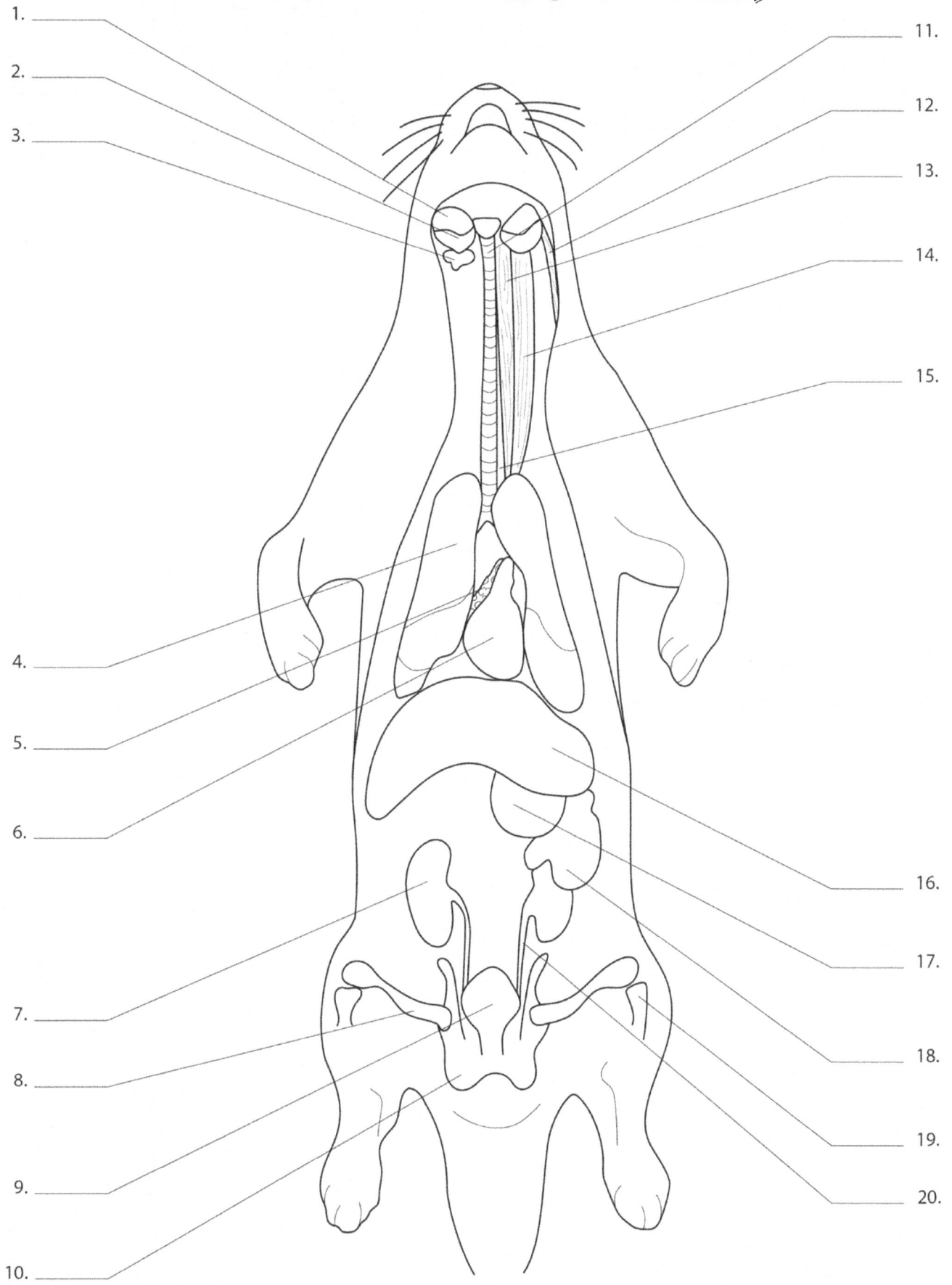

1.

2.

3.

4.

5.

6.

7.

8.

9.

10.

11.

12.

13.

14.

15.

16.

17.

18.

19.

20.

ABSCHNITT 20 OTTER

1. Sublinguale Speicheldrüse
2. Unterkieferspeicheldrüse
3. Mediale retropharyngeale Lymphe
4. Lunge
5. Thymus
6. Herz
7. Niere
8. Oberschenkelknochen
9. Blase
10. Ischium
11. Luftröhre
12. Sternocephalicus-Muskel
13. Sternohyoideus-Muskel
14. Muskulärer Sternothyroidus
15. Speiseröhre
16. Leber
17. Magen
18. Bewerten Sie
19. Schienbein
20. Ureter

ABSCHNITT 21 BALINE

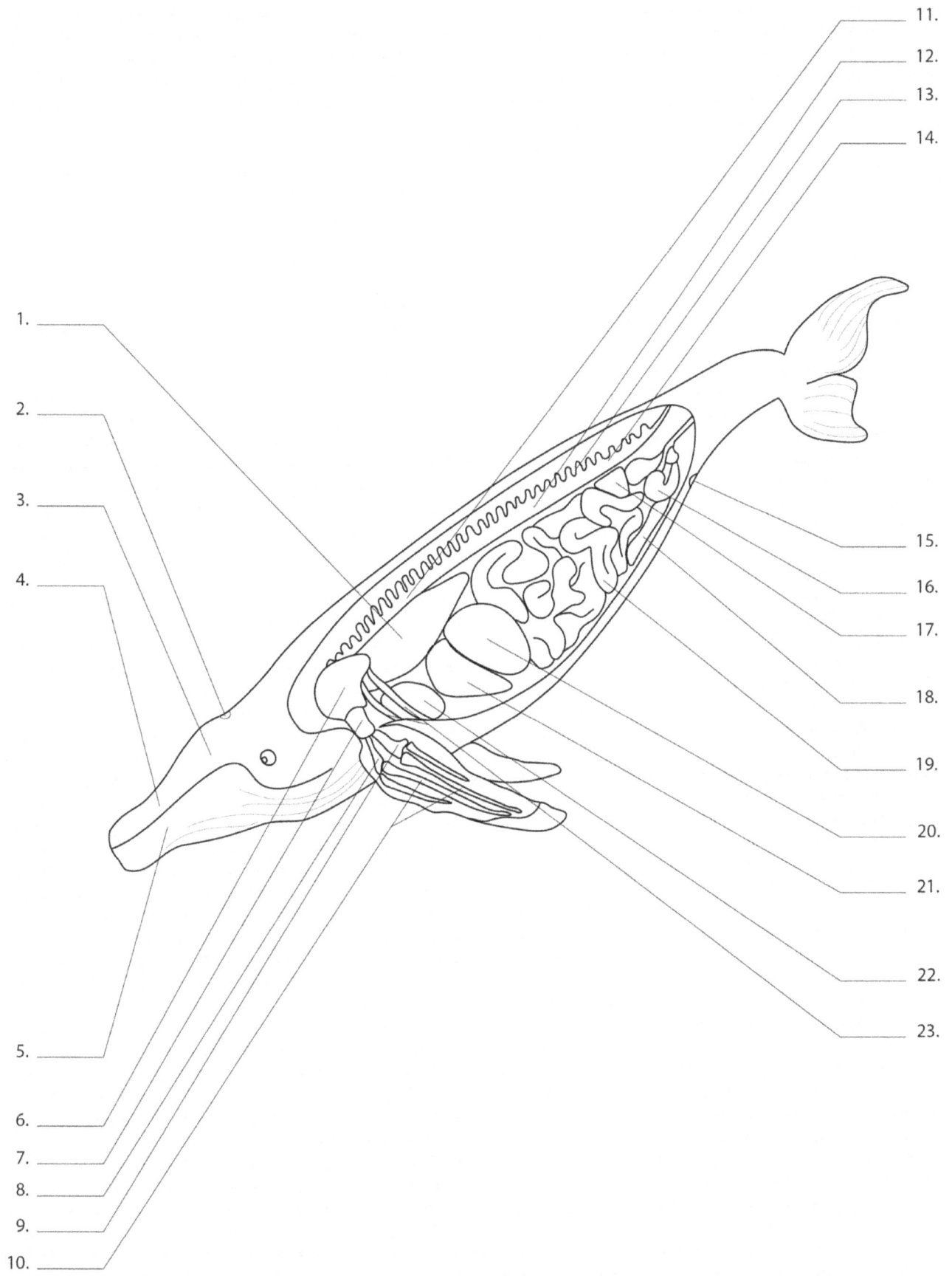

1.

2.

3.

4.

5.

6.

7.

8.

9.

10.

11.

12.

13.

14.

15.

16.

17.

18.

19.

20.

21.

22.

23.

ABSCHNITT 21 BALINE

1. Lunge

2. Luftloch

3. Schädel

4. Tribüne

5. Unterkiefer

6. Schulterblatt

7. Oberarmknochen

8. Radius

9. Ulna

10. Zehenspitzen

11. Brustwirbelsäule

12. Lendenwirbel

13. Spleißvorgang

14. Caudalwirbel

15. Anus

16. Das Reproduktionssystem

17. Niere

18. Blase

19. Der Dickdarm

20. Magen

21. Leber

22. Herz

23. Küsten

ABSCHNITT 22 HYÄNE

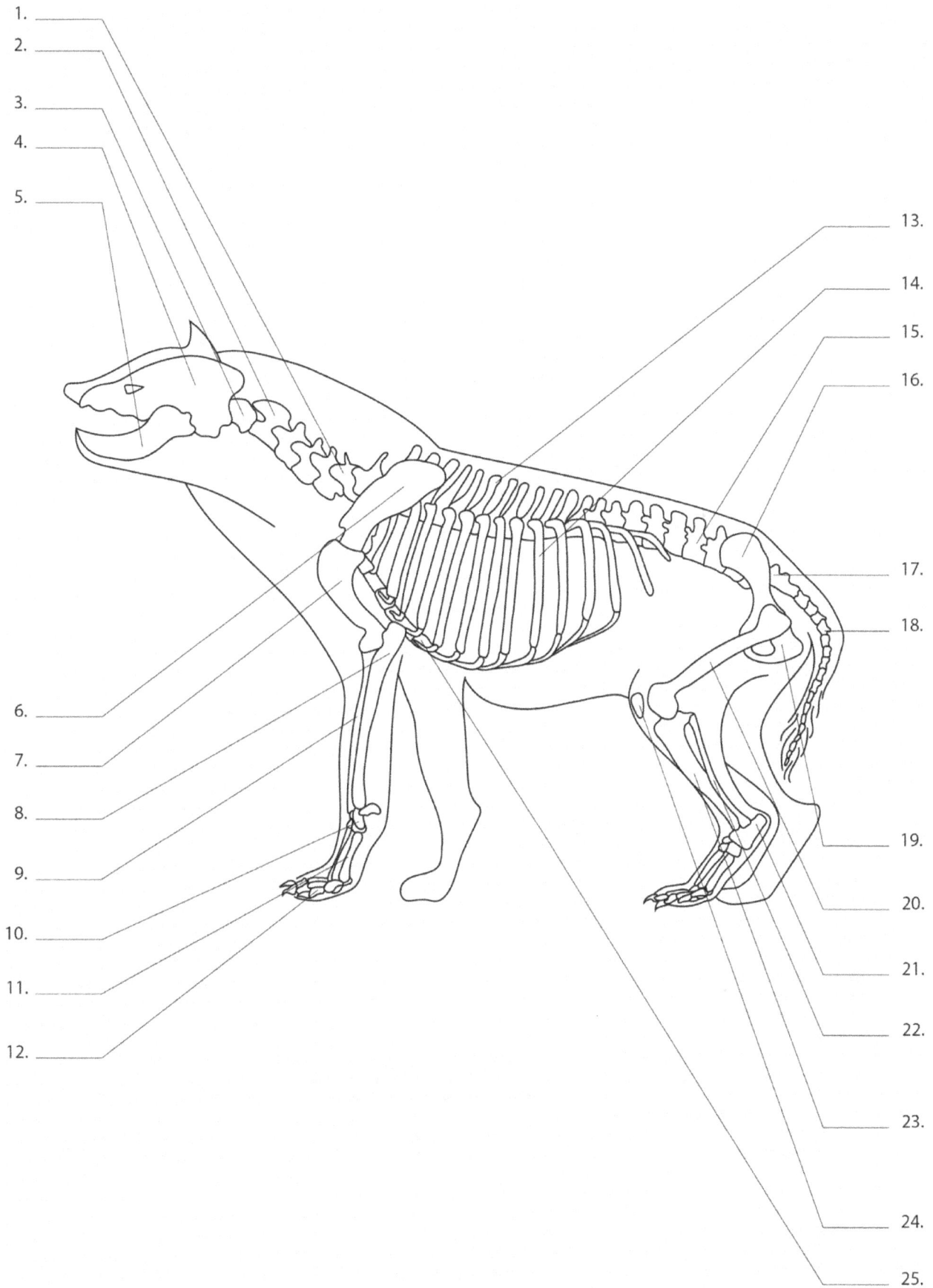

1.
2.
3.
4.
5.

6.
7.
8.
9.
10.
11.
12.

13.
14.
15.
16.
17.
18.
19.
20.
21.
22.
23.
24.
25.

ABSCHNITT 22 HYÄNE

1. Halswirbelsäule

2. Achse

3. Atlas

4. Schädel

5. Unterkiefer

6. Schulterblatt

7. Oberarmknochen

8. Ulna

9. Radius

10. Karpfen

11. Mittelhandknochen

12. Zehenspitzen

13. Brustwirbelsäule

14. Küsten

15. Lendenwirbel

16. Ilium

17. Kreuzbein

18. Caudalwirbel

19. Ischium

20. Oberschenkelknochen

21. Tarsus

22. Wadenbein

23. Schienbein

24. Patella

25. Sternum

ABSCHNITT 23 AMEISENFRESSER

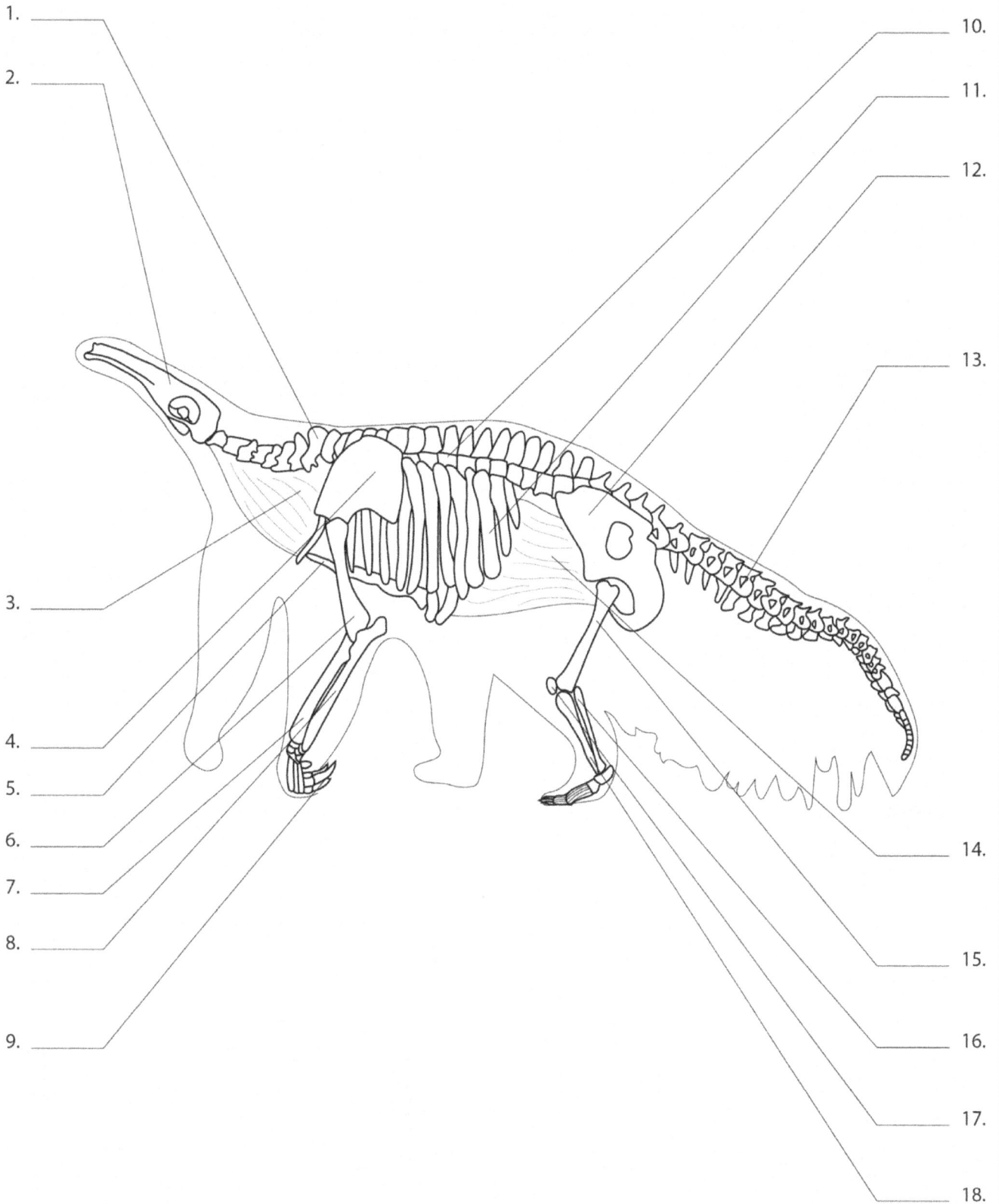

1.

2.

3.

4.

5.

6.

7.

8.

9.

10.

11.

12.

13.

14.

15.

16.

17.

18.

ABSCHNITT 23 AMEISENFRESSER

1. Halswirbelsäule

2. Schädel

3. Trapezmuskel

4. Schulterblatt

5. Sternum

6. Oberarmknochen

7. Radius

8. Ulna

9. Finger-Kralle

10. Brustwirbelsäule

11. Küsten

12. Becken

13. Caudalwirbel

14. Schräger Außenmuskel

15. Oberschenkelknochen

16. Wadenbein

17. Patella

18. Schienbein

ABSCHNITT **24** LESARD

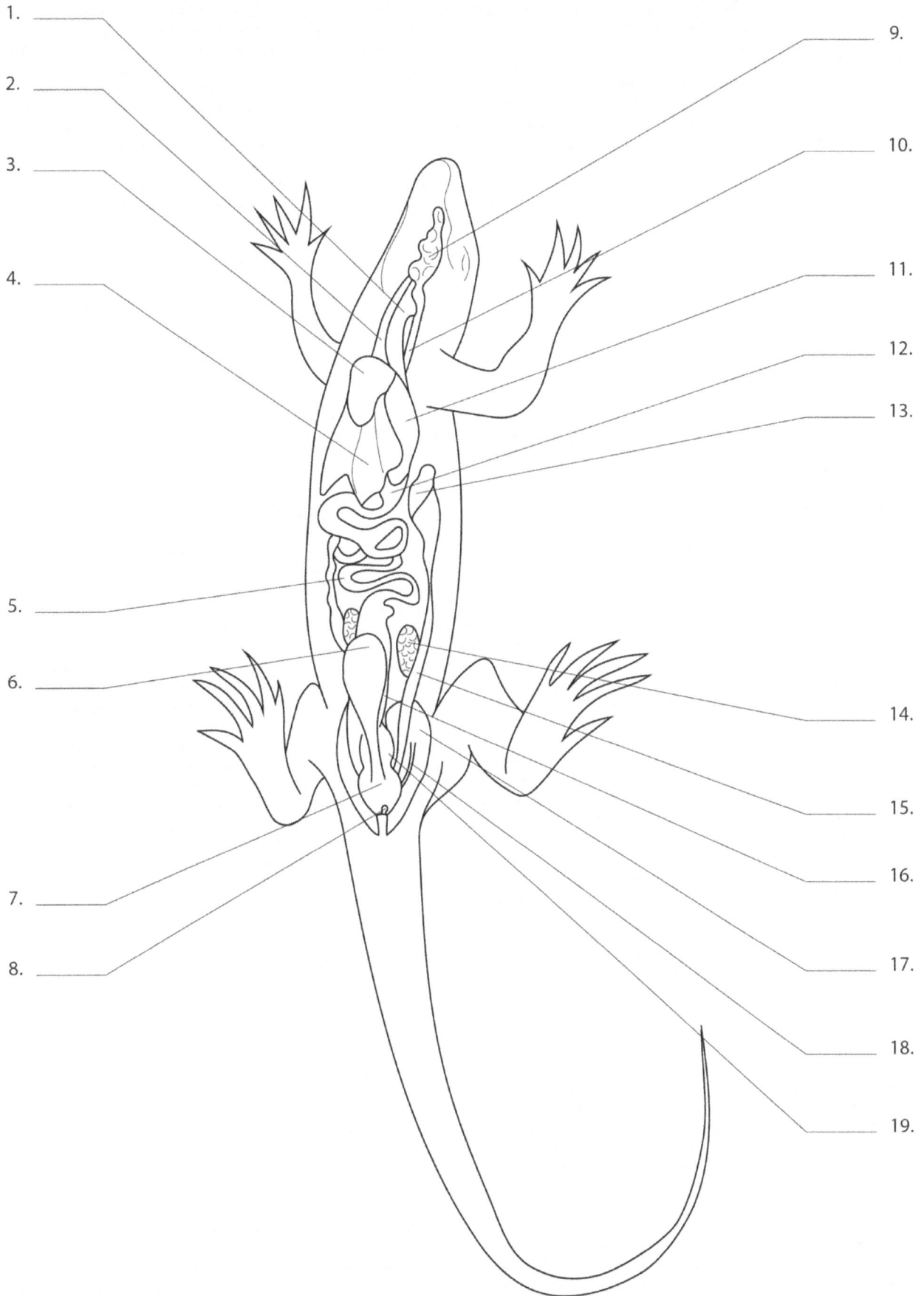

1.

2.

3.

4.

5.

6.

7.

8.

9.

10.

11.

12.

13.

14.

15.

16.

17.

18.

19.

ABSCHNITT 24 LESARD

1. Speiseröhre

2. Luftröhre

3. Herz

4. Leber

5. Dünndarm

6. Blase

7. Hintere Kammer der Kloake

8. Öffnung des Kloakens

9. Gehirn

10. Rückenmark

11. Lunge

12. Magen

13. Trichter

14. Eierstock

15. Oviducte

16. Rektum

17. Niere

18. Ureter

19. Vordere Kammer der Kloake

ABSCHNITT 25 EULE

1.

2.

3.

4.

5.

6.

7.

8.

9.

10.

11.

12.

13.

14.

15.

16.

17.

ABSCHNITT 25 EULE

1. Augenbraue oder Supercilium
2. Rechnung
3. Herz
4. Ureter
5. Schienbein
6. Tarsus
7. Zehen
8. Klaue
9. Speiseröhre
10. Luftröhre
11. Lunge
12. Präventriculus
13. Leber
14. Gésier
15. Niere
16. Därme
17. Wind

ABSCHNITT 26 ZEBRA

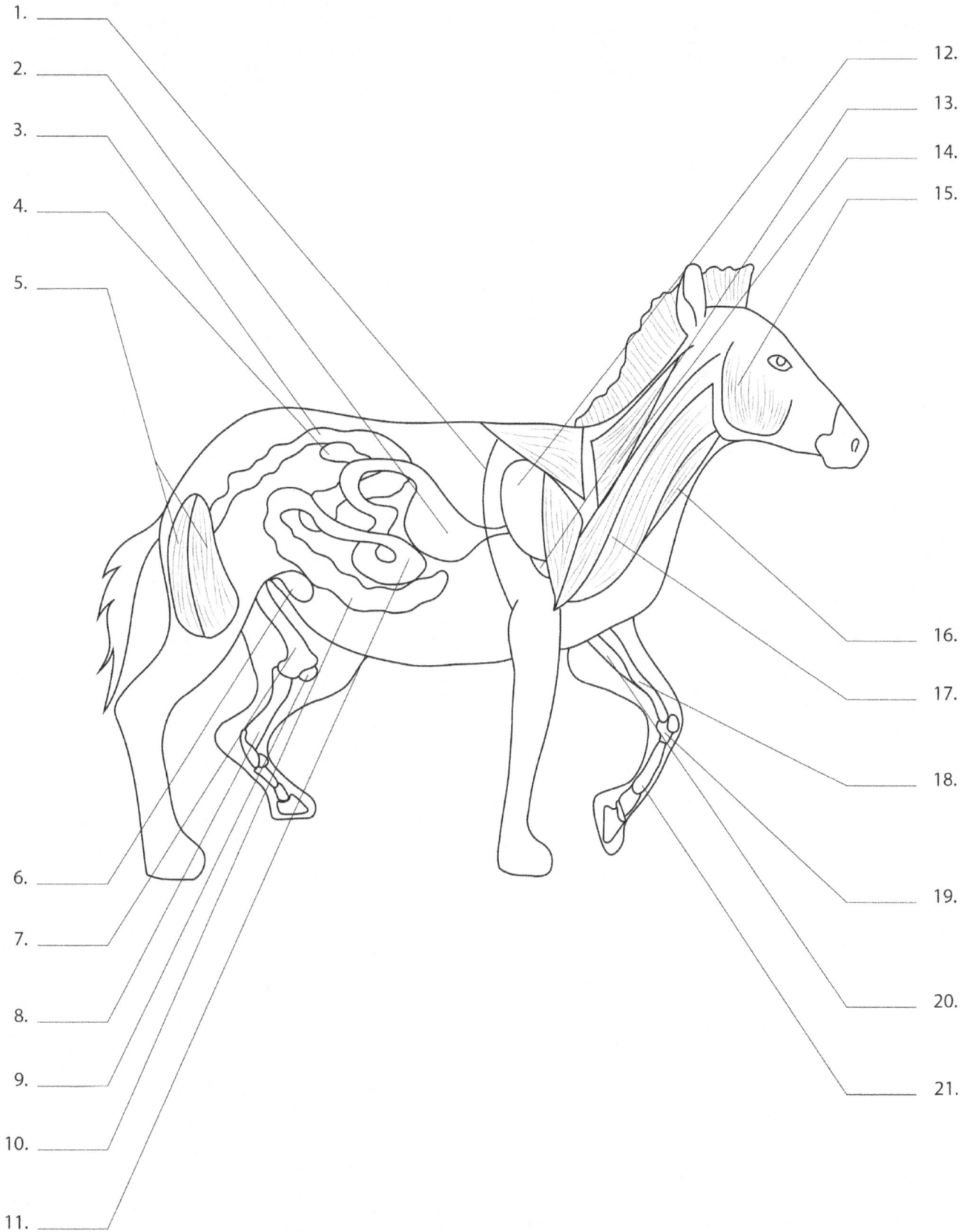

1.

2.

3.

4.

5.

6.

7.

8.

9.

10.

11.

12.

13.

14.

15.

16.

17.

18.

19.

20.

21.

ABSCHNITT 26 ZEBRA

1. Diaphragma
2. Magen
3. Doppelpunkt
4. Niere
5. Bizeps brachialer Muskel
6. Blase
7. Oberschenkelknochen
8. Schienbein
9. Patella
10. Cecum
11. Dünndarm
12. Lunge
13. Herz
14. Zervikale Muskulatur Rhomboid
15. Massagegerät für Muskeln
16. Sternocephalicus-Muskel
17. Brachiocephaler Muskel
18. Radius
19. Karpus
20. Ulna
21. Kanonenknochen

www.ingramcontent.com/pod-product-compliance
Lightning Source LLC
Chambersburg PA
CBHW051353200326

41521CB00014B/2563